ÉTUDE

DE LA

REPRÉSENTATION DU CHEVAL

PARIS. — IMPRIMERIE L. BAUDOIN, 2, RUE CHRISTINE.

ÉTUDE

DE LA

REPRÉSENTATION DU CHEVAL

PAR

E. BOUSSON

Capitaine d'artillerie

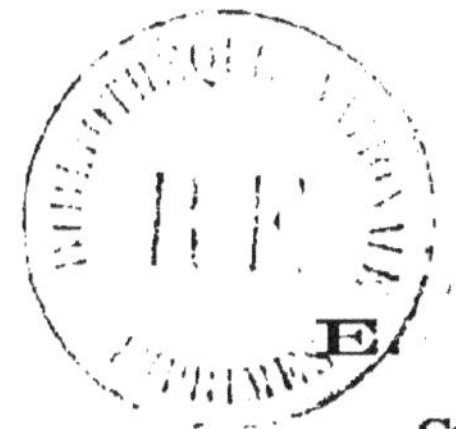

PARIS

LIBRAIRIE MILITAIRE DE L. BAUDOIN

IMPRIMEUR-ÉDITEUR

30, Rue et Passage Dauphine, 30

—

1892

NOTE DE L'AUTEUR

Cet ouvrage se divise en trois parties.

La première partie traite du cheval considéré en lui-même. c'est-à-dire des proportions du cheval. de celles du cheval et du cavalier. de sa structure au point de vue des mouvements et des aplombs.

La deuxième partie traite des attitudes et des mouvements sur place.

La troisième partie traite des allures : nous avons cherché. en nous servant du principe de la moindre action appliqué à la machine animale. des résultats graphiques de M. Marey. et des relevés de piste. à établir la synthèse de chacune des allures du cheval. On peut, à l'aide des procédés exposés dans cette partie de l'ouvrage, reconstituer la position des membres du cheval à un moment quelconque d'une allure pour lequel on a à la fois le relevé de piste et le relevé de l'appareil enregistreur.

E. B.

ÉTUDE

REPRÉSENTATION DU CHEVAL

PREMIÈRE PARTIE

CHAPITRE PREMIER

I. — Proportions du cheval.
II. — Proportions du cheval et du cavalier.

I. — Proportions du cheval.

Nous ne parlerons pas des proportions de l'homme, qui ne rentrent pas dans le cadre de cette étude.

Beaucoup d'auteurs ont donné divers types de proportions du cheval ; nous nous arrêterons au type décrit dans l'ouvrage sur l'extérieur, de MM. Goubeaux et Barrier.

Le cheval pris comme type par ces éminents auteurs est un cheval d'une conformation moyenne et, en accentuant telle ou telle particularité, on en fera un cheval de telle ou telle spécialité que l'on voudra. Nous verrons tout à l'heure que ces modifications se mesurent par des différences en chiffres relativement faibles.

Le cheval représenté est un cheval de $1^m,60$ à l'échelle de $\frac{1}{30}$. Dans tout le cours de cette étude, nous raisonnerons toujours sur un cheval de cette taille.

Nous donnons ici un tableau des proportions en prenant pour base la tête ou des longueurs en rapport simple avec elle.

TABLEAU DES PROPORTIONS.

La tête (longueur $0^m,60$), se trouve :

Deux fois deux tiers dans la taille du cheval, du garrot à terre (la croupe est ordinairement un peu plus basse de $0^m,03$ ou $0^m,04$ en moyenne) :

Deux fois deux tiers dans sa longueur (de la pointe de l'épaule à celle de la fesse).

Une fois dans :

La longueur de l'épaule ;

La distance du coude au-dessus du boulet ;

La distance du haut du grasset à la pointe du jarret ;

La distance du sommet de l'épaule à la pointe de la hanche ;

La distance du grasset au haut de la croupe.

La tête jusqu'à la commissure des lèvres (longueur 0ᵐ,52 à 0ᵐ,54), se trouve une fois dans :

La longueur et la largeur de la croupe ;

La largeur de l'encolure à sa base ;

La longueur de la face inférieure de l'encolure, la tête à 45° ;

La distance de la pointe de la fesse au grasset.

La moitié de la tête (longueur 0ᵐ,30), se trouve une fois dans :

La longueur du bras ;

La plus grande largeur de la tête vue de profil ;

La longueur du canon postérieur ;

La distance de l'os crochu à l'ergot.

Les quatre tiers de la tête (longueur 0ᵐ80), se trouvent une fois dans :

La moitié de la hauteur et de la longueur du cheval ;

La distance du coude à terre ;

La distance du coude au grasset ;

La distance du garrot aux oreilles ;

La distance du garrot à l'attache antérieure de l'avant-
bras ;

La distance du haut de la hanche au bas de la fesse ;

La distance de l'articulation coxo-fémorale au jarret ;

La distance du bas de la fesse à terre (1).

Le tiers de la tête, longueur 0^m20, se trouve :

Une fois dans la distance de l'œil à l'oreille ;

Une fois dans l'écartement des deux yeux.

La moitié d'une fois dans :

L'écartement des oreilles (pris en dedans) ;

La distance des naseaux.

Nous allons maintenant exposer un procédé de dessin du
cheval déduit du principe de la similitude des angles du
général Morris. D'après le général Morris, tous les rayons
qui ne sont pas sensiblement horizontaux, comme le dos,
ou verticaux, comme les canons et les avant-bras, doivent,
dans la station placée, se trouver dans une direction générale inclinée à 45° sur l'horizon ; ces rayons sont : la tête,
l'épaule, la cuisse, les paturons, inclinés en avant ; le bras,
la croupe, la jambe inclinés en arrière.

Traçons un carré A B C D de $1^m,60$ de côté ; prenons A E
et A F égaux à $0^m,50$; E F nous donnera la direction générale de l'épaule ; F G, moitié de E F et perpendiculaire à
EF, la direction générale du bras ; G H, verticale égale à
$0^m,70$, la direction générale de l'avant-bras et du canon ;
H I, à 45°, la direction du paturon antérieur ; une perpen-

____

(1) Ces six mesures étaient données comme proportion pars M. Lalaisse,
professeur à l'École polytechnique.

diculaire K L au milieu de E F, longue de 0^m,80, nous donnera la direction générale de l'encolure ; une autre **L M**,
perpendiculaire à cette dernière, la direction générale de
la tête longue de 0^m,60.

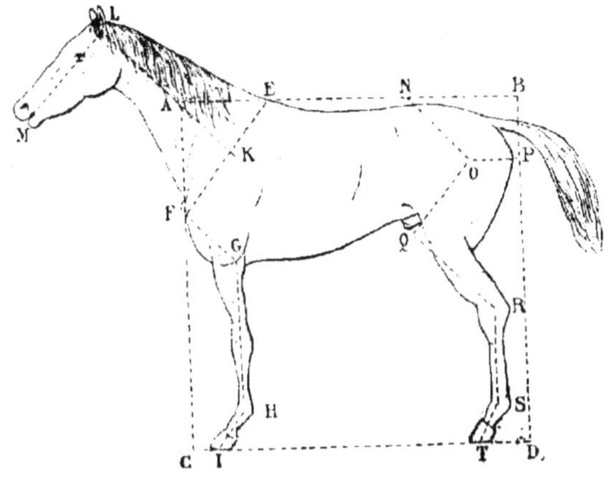

Pour les rayons postérieurs, nous admettrons que l'ilium
a une inclinaison de 45° et est double en longueur de l'ischium, qui est horizontal ; leurs longueurs respectives étant
de 0^m,40 et 0^m,20 centimètres, il en résultera pour la croupe
une longueur de 0^m,55 ; la distance horizontale de la pointe
de la hanche à la pointe de la fesse sera de 0^m,50 environ ;
N O donnera la direction de l'ilium, O P celle de l'ischium,
O Q celle du fémur ; d'après la théorie de la similitude, N O
sera égal à O Q ; la direction de la jambe sera donnée par
Q R, égal à 0^m,60 ; R S donnera la direction générale du
canon et S T celle du paturon postérieurs.

Le cheval, ainsi dessiné, diffère très peu du type que

nous venons d'étudier précédemment ; le tracé par les angles permet de représenter tel ou tel type de cheval que l'on veut et se modifie facilement suivant que les rayons sont plus ou moins obliques et que les masses musculaires sont plus ou moins fortes ; avec un peu d'habitude, la différence des lignes d'un cheval vivant et de ce type se voit de suite, et par suite permet de mieux se rendre compte de sa structure.

La grande différence de types des deux chevaux ci-contre, dessinés tous deux d'après ce procédé, montre bien son élasticité et la manière de s'en servir.

II. — Proportions du cheval et du cavalier.

Une chose qui frappe de suite, lorsque l'on compare des photographies de chevaux montés avec les dessins que l'on voit ordinairement, surtout pour des chevaux en repos ou au pas, c'est la petitesse relative des cavaliers. En effet, dans l'ensemble, l'œil est habitué à donner au cavalier beaucoup plus d'importance qu'il n'en a et le dessin suit l'œil. Un cavalier et un cheval qui, au repos, paraissent dans de justes proportions, ne produiront plus le même effet si le cheval est représenté à une allure vive ; le cheval semblera alors trop petit.

Ce fait se remarque surtout sur les anciennes estampes. Cela provient-il de ce qu'au temps jadis les hommes de guerre étaient plus grands et les chevaux plus petits? Il est certain que la taille des chevaux a plutôt augmenté que diminué ; pour celle des hommes, nous ne dirons rien.

Cependant, dans l'armée, tant dans le but d'alléger la charge des chevaux que de faciliter le recrutement des hommes et des animaux, on a été amené à abaisser les tailles de la cavalerie et à prendre les dragons entre 1^m,67 et 1,70. Ce n'est plus là le dragon bien corsé et bien fascé du comte d'Argenson, haut de 5 pieds 6 à 8 pouces (1^m,797 à 1^m,844) et pesant 168 livres. Les anciens hommes d'armes, dont on peut voir les armures dans nos musées, étaient généralement grands et leurs destriers plus petits que les chevaux de nos cuirassiers ; toutefois, dans les images où l'on en voit, les chevaux sont trop petits.

Nous donnons les dessins des deux types de dragons, le dragon du comte d'Argenson, de 1^m,84, monté sur son bidet de 1^m,50 et le dragon de notre époque, de 1^m,68, monté sur un cheval de 1^m.56.

Dans les photographies de cavaliers au repos, prises de profil, le cheval se montre avec sa taille exacte ; le cavalier est raccourci à cause de l'écartement des cuisses ; la partie du corps au-dessus de la ceinture et la jambe sont en vraie grandeur ; on peut facilement se rendre compte, lorsque l'on connaît la taille du cheval et celle du cavalier, que le cavalier perd une fraction de sa taille comprise entre 1/6 et 1/8, 1/7 pour la moyenne. C'est, d'ailleurs, ce chiffre que nous prendrons pour règle.

Le baron de Curnieu, dans son traité de science hippique générale, indique comme une bonne règle pour des hommes et des chevaux de conformation moyenne, une différence de 5 pouces ($0^m,135$) entre la taille du cavalier et celle du cheval ; dans ces conditions, l'homme est à son aise et ses genoux et ses jambes bien placés. Ce chiffre de 5 pouces est d'ailleurs, d'après cet auteur, la différence entre la moyenne de la taille de l'homme et la moyenne de celle du cheval. Dans ces conditions, le cavalier perd à peu près 1/7 de sa taille ; la diminution est plus petite si le cheval est plus petit d'une plus grande quantité et, par suite, plus mince, les cuisses étant plus droites ; elle est plus grande dans le cas contraire, les genoux étant plus relevés.

Dans la pratique, cette différence est généralement plutôt plus grande que plus petite ; cependant maintenant on s'en rapproche beaucoup dans la cavalerie ainsi que l'indique l'exemple que nous avons cité pour les dragons dont les chevaux sont compris entre $1^m,52$ et $1^m,56$ et les hommes entre $1^m,67$ et $1^m,70$; cependant on a remarqué que des hommes trop petits avaient de la peine à seller leurs chevaux, surtout avec le paquetage ; il faut aussi excepter les jockeys, qui sont généralement très petits pour être très légers et montent de grands chevaux ; il est vrai que ces chevaux sont en général très jeunes et entraînés et, pour ces deux raisons, fort peu épais.

Nous terminerons ce chapitre par quelques observations.

Les proportions du cheval monté ne sont pas toujours les mêmes que celles du même cheval non monté ; monté, le cheval est plus grand et plus court; cela est

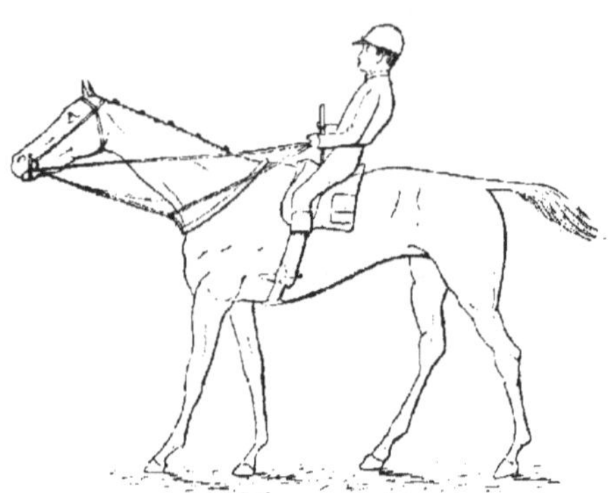

Jockey de 1ᵐ,56 montant un cheval de 1ᵐ,62.

d'autant plus sensible que le cavalier est plus lourd par rapport au cheval ; cependant, on remédie à cet effet de détente qui ferait paraître le cheval nu plus long et plus petit en le grandissant par le placer au moment de le toiser.

La jument est, en général, plus près de terre, plus longue, plus basse et plus ouverte du devant, plus puissante de l'arrière-main et plus grêle de membres que le cheval ; le poulain est plus haut sur jambes que le cheval fait ; la tête paraît plus grosse : les canons ont leur vraie grandeur dès la naissance et ne changent pas de longueur de toute la vie.

Dans les chevaux de vitesse, les membres sont plus longs que dans les chevaux de trait lent ; cependant leur poitrine

est aussi profonde, car il est à remarquer que chez ces animaux le coude est notablement plus haut que le passage
des sangles, tandis que chez les chevaux communs il est
souvent plus bas; chez les chevaux de race, la largeur du
jarret est égale à la longueur du pied, souvent plus grande;
c'est le contraire chez les autres.

CHAPITRE II

I. — Centres de mouvement des membres.
II. — Aplombs réguliers.

I. — Centres de mouvement des membres.

Les centres de mouvement des articulations du cheval ont été déterminés avec beaucoup d'exactitude par M. le professeur Lemoigne, de Milan, qui n'a publié les résultats de ses études qu'assez longtemps après les avoir terminées.

Nous avons, nous aussi, avant la publication des résultats obtenus par M. Lemoigne, étudié la question sur des chevaux d'artillerie en 1883. Les chevaux qui nous ont servi étaient d'espèces très variées, depuis des chevaux de trait ardennais, franc-comtois, normands, bretons, des chevaux de selle de même origine et des chevaux de sang. Les résultats que nous avons obtenus sont sensiblement les mêmes.

La figure ci-contre, tirée de l'ouvrage de MM. Goubaux et Barrier, représente la position des centres de mouvement sur la photographie du célèbre cheval de course Fitz-Gladiator.

II. — Aplombs réguliers des membres.

Pour que le cheval soit dans un aplomb stable avec le minimum d'effort, il faut que les verticales de ses points d'appui passent, dans le profil, par le centre de mouvement de tout le membre, c'est-à-dire, pour les membres antérieurs, par le centre de mouvement du scapulum et pour les membres postérieurs par le centre de l'articulation coxo-fémorale. La figure formée sur le sol par les quatre pieds s'appelle la base de sustentation. Sa forme, le cheval étant placé, est celle d'un trapèze, les pieds postérieurs étant plus rapprochés que les antérieurs pour la plupart des chevaux.

Raabe et les auteurs qui ont écrit après lui l'estiment aux trois quarts de la taille et de la longueur du cheval. Cependant la figure montre que la distance des deux centres de mouvement est d'environ les deux tiers de la taille du cheval ; c'est, d'ailleurs, ce que vérifient beaucoup de photographies. Le cheval, ainsi fait, est court de dessus et long de dessous quand même, car l'éloignement des extrémités des centres de mouvement raccourcit la ligne de dessus autant que celle du dessous et, par suite, fait paraître la première plus petite par rapport à l'autre.

Nous ne parlerons pas des aplombs vus de face dont les défauts tiennent à des vices de conformation des membres.

DEUXIÈME PARTIE

CHAPITRE PREMIER

I. — Attitudes.

II. — Station libre, placée, campée, rassemblée.

III. — Coucher.

I. — Attitudes.

On appelle *attitudes* les différentes manières d'être du cheval immobile.

II. — Station.

La *station* est l'attitude du cheval sur ses pieds et immobile.

Il y a plusieurs genres de station.

1º STATION LIBRE.

La tête est alors à 45º ou à peu près, l'encolure étendue ; un bipède diagonal est toujours en avant de l'autre ; c'est celui qui est le moins chargé. La verticale abaissée du milieu de la ligne qui joint les centres de mouvement des membres antérieurs et postérieurs tombe au milieu de la ligne joignant les bases d'appui des bipèdes antérieurs ou postérieurs ; en d'autres termes, la moyenne des positions des membres de chacun des bipèdes antérieurs et postérieurs correspond à l'aplomb régulier.

Quelquefois, un des pieds est au repos et ne touche le sol que par la pince ; ce pied est généralement un pied de der-

rière ; le pied de devant du même diagonal est alors étendu en avant et très peu chargé.

2° STATION PLACÉE.

Le cheval est alors placé sur sa base de sustentation, chacun de ses quatre membres à l'aplomb régulier. L'en-

colure est un peu élevée et la tête se rapproche de la verticale.

3° STATION CAMPÉE.

Dans la station campée, les membres antérieurs et postérieurs sont placés en avant et en arrière de la ligne d'aplomb ; les pieds antérieurs et postérieurs se rapprochent de telle sorte que, si la longueur du quadrilatère de sustentation augmente, sa largeur diminue. Dans cette attitude, la tête est élevée, le garrot ressort mieux, la ligne de dessus paraît plus courte et celle de dessous plus longue ; elle fait valoir la prestance du cheval ; on l'obtient par l'enrènement pour les carrossiers de luxe ; les marchands dressent aussi leurs chevaux à se placer ainsi pour la montre.

4° STATION RASSEMBLÉE.

Dans cette attitude, la tête est ramenée et les quatre pieds plus rapprochés les uns des autres que dans la station

placée. Le cheval ne la conserve que peu de temps, car elle sert d'habitude d'intermédiaire entre la station libre ou placée et la position précédant l'action pour un mouvement que le cavalier veut demander au cheval. Elle est, d'ailleurs, très fatigante pour le cheval, par suite de la surcharge de l'arrière-main.

III. — Coucher.

Quand le cheval est couché, il est ordinairement plus appuyé sur un côté que sur l'autre ; les membres sont repliés obliquement sous le corps et ressortent du côté le moins chargé ; la courbe formée par la colonne vertébrale

et l'encolure a sa convexité tournée du côté le plus chargé, de sorte que la tête et les membres se trouvent du côté le moins chargé.

Quelquefois, cette courbure est peu accusée, ainsi que l'obliquité des membres, et le cheval est, pour ainsi dire, accroupi ; d'autres fois, le cheval est complètement couché sur un flanc ; la tête repose sur la litière et le cheval a les membres étendus comme un cheval mort ; cependant les tendons extenseurs ne sont pas raidis comme dans le cas de

la mort. Entre ces deux positions extrèmes, il y a un grand
nombre d'intermédiaires et le cheval se rapproche d'autant
plus de la dernière qu'il est plus fatigué.

CHAPITRE II

On définit ordinairement les mouvements sur place :
mouvements ne produisant qu'un faible déplacement du
corps du cheval; il paraîtrait plus logique de les définir :
mouvements que le cheval n'exécute pas beaucoup de fois
de suite et qui ne se répètent pas d'une manière identique
pour former une manière continue de se mouvoir du
cheval.

I. — Le cabrer.

Le *cabrer* est l'action du cheval qui s'enlève sur ses
membres postérieurs; dans cette position, le cheval peut
marcher plusieurs pas.

Pour se cabrer, le cheval fixe ses membres postérieurs
au sol en les engageant sous lui, grandit et renverse en
arrière sa tête et son encolure et lance son poids en arrière
par la brusque détente de ses membres antérieurs qui lui
servent de balancier lorsqu'il veut conserver cette position.

On voit souvent des chevaux de cirque se cabrer avec la
tête ramenée, bien que cette position soit peu naturelle ; il

y a lieu de remarquer cependant que l'attache des rênes
qui servent à rêner le cheval est très basse, ce qui facilite
le mouvement.

II. — Ruade.

La *ruade* est l'action du cheval qui soulève sa croupe en
l'air en lançant ses deux pieds de derrière en arrière ; il est
rare que le cheval rue droit, c'est-à-dire que ses deux pieds
de derrière soient lancés à la même distance ; il est aussi
rare que le cheval tourne en ruant autour de ses pieds de
devant, tandis que souvent le cheval tourne en se cabrant.
La durée de la ruade est toujours très courte.

Pour exécuter la ruade, le cheval baisse la tête et porte
son poids en avant, puis il détend brusquement ses membres
postérieurs en lançant ses pieds en arrière ; souvent la ruade
suit un bond en avant ou sur place dans lequel les pieds de
devant ont d'abord quitté terre pour donner de l'élan au

cheval et augmenter ainsi la force de détente de ses
membres postérieurs. Les chevaux qui ruent fortement ont
ordinairement l'arrière-main relativement plus forte que
l'avant-main. Les juments y sont plus disposées que les

chevaux. Lorsque le cheval bondit sans détacher la ruade,
le mouvement s'appelle *saut de mouton* ou *ballottade* ; lorsqu'il se cabre et rue alternativement, comme les sauteurs,
le mouvement s'appelle *cabriole*.

III. — Saut.

Le *saut* est le mouvement que le cheval exécute pour
passer d'un point à un autre lorsque entre ces deux points
il y a un obstacle et, par suite, impossibilité de franchir
l'espace qui sépare ces deux points à une quelconque des
allures du cheval.

Les obstacles que le cheval peut rencontrer sont de différentes natures, telles que barres, haies ou mur, fossés ou

rivières, remblais, déblais, et souvent plusieurs de ces obstacles simultanément, tels que haies précédées ou suivies d'un fossé, différences de niveau des deux côtés de l'obstacle, mur en terre entre deux fossés, etc.

De là quatre types principaux de saut.

1° SAUT EN HAUTEUR.

Ce saut est celui que le cheval exécute pour passer de l'autre côté d'un mur, d'une haie, d'une barrière, etc.

Quelle que soit l'allure et la vitesse du cheval, le mouvement s'exécute en trois temps, dont la séparation est d'autant moins sensible que l'allure du cheval est plus rapide.

1er temps : *Période de préparation et d'élévation.* — Le cheval engage sous lui ses membres postérieurs et enlève ses membres antérieurs presque simultanément en les repliant sous lui ; certains chevaux les replient assez pour toucher la botte du cavalier avec la voûte du fer (nous avons vu ce fait souvent avec un cheval de pur sang de $1^m,61$, assez gros, monté par un cavalier de $1^m,75$).

2e temps : *Période de suspension.* — Le cheval, ayant détendu ses membres postérieurs, est en l'air ; les membres antérieurs, ayant passé par-dessus l'obstacle, commencent à s'étendre, les membres postérieurs commencent à se ramener pour passer par dessus l'obstacle.

3e temps : *Période de descente.* — Les membres antérieurs s'étendent, les membres postérieurs se ramassent sous le

cheval pour éviter de toucher l'obstacle ; les membres antérieurs touchant la terre, généralement dans le même ordre
qu'ils l'ont quittée.

Les membres postérieurs arrivent ensuite à terre et
marquent leurs foulées près de celles des membres antérieurs et quelquefois même en avant lorsque l'allure est
très rapide, ce qui occasionne souvent des atteintes. Le saut
est d'autant plus étendu en longueur que le galop est plus
rapide.

Ainsi qu'on peut le voir par l'explication que nous venons

de donner, les pieds d'un même bipède antérieur ou postérieur ne s'enlèvent presque jamais simultanément ; ce qui

le prouve, c'est que leur trace sur le sol n'est à peu près jamais à la même hauteur.

Le saut, dont nous avons tracé les trois temps, est un saut de haie à un galop rapide.

Le cheval saute étant au galop ou au **pas** ; il y a alors une sorte de préparation ; au galop seulement, le cheval saute de volée, autrement dit dans le train ; quelques chevaux sautent étant au trot ; souvent ces chevaux s'enlèvent des quatre pieds à la fois et retombent de même ; la réaction de ce genre de saut est très dure.

2° SAUT EN LONGUEUR.

De même que le saut en hauteur, le saut en longueur s'exécute en trois temps :

1ᵉʳ temps: *Période de préparation.* — Le cheval rassemble ses quatre membres sous lui et lance en avant ses membres antérieurs.

2e temps : *Période de suspension.* — La détente des membres postérieurs se produit et le corps et les membres antérieurs sont projetés en avant ; les membres postérieurs, après s'être détendus, se rapprochent du corps du cheval.

3e temps : *Période de retombée.* — Les membres antérieurs étendus touchent le sol ; les membres postérieurs le touchent ensuite et quelquefois marquent leur foulée en avant de celle des membres antérieurs. Les atteintes sont

beaucoup moins fréquentes que dans le saut en hauteur, l'avant-main n'étant pas surchargée comme dans ce dernier cas par suite de la hauteur dont retombe le cheval.

3° SAUT DE BAS EN HAUT.

Le cheval s'enlève du devant comme dans le premier temps du saut en hauteur, pose ses pieds antérieurs en développant ses membres sur le terrain où il doit arriver ; les membres postérieurs, ramenés sous lui, arrivent alors sur ce terrain. Si l'allure est lente et la différence de niveau faible, il n'y a pas de temps de suspension.

4° SAUT DE HAUT EN BAS.

Le cheval rassemble ses quatre membres et lance en avant ses membres antérieurs ; le mouvement s'exécute d'une manière analogue à la période de descente du saut en hauteur. Dans les conditions dont nous avons parlé au sujet du saut de haut en bas, il n'y a pas de temps de suspension ; cependant c'est plus rare que dans le cas précédent.

Ce genre de saut est difficile et fatigant pour le cheval à cause de la grande charge que supporte l'avant-main au moment de la retombée.

IV. — Pirouette.

La *pirouette* est le mouvement qu'exécute le cheval lorsqu'il fait tourner son avant-main autour de son arrière-main ou inversement.

Il y a deux sortes de pirouettes : la *pirouette ordinaire* ou demi-tour sur les hanches et la *pirouette renversée* ou demi-tour sur les épaules. Le cheval en liberté ou en marchant n'exécute jamais que la première.

Nous ne nous occuperons pas de la pirouette renversée pour la représenter, ce mouvement s'exécutant toujours lentement, trois des membres du cheval tournant autour d'un de ses membres antérieurs qui reste immobile en formant des figures semblables. Si le membre antérieur gauche est immobile, l'antérieur droit et le postérieur gauche poseront ensemble après avoir décrit un arc de même angle, le postérieur gauche passant devant le postérieur droit et le croisant ; le postérieur droit décrira ensuite le même arc avec un rayon plus grand et le mouvement continuera de la même manière ; il faut de 5 à 6 mouvements pour faire un tour, suivant les chevaux.

Pirouette ordinaire. — La pirouette ordinaire s'exécute au manège comme la pirouette renversée ; il suffit de changer, dans l'explication que nous venons de donner, antérieur en postérieur et réciproquement. Les traces laissées sur le sol sont identiques. Lorsque le cheval tourne à droite, le membre postérieur droit sert de pivot ; les membres du diagonal droit posent ensemble après avoir décrit un arc de même angle ; le membre antérieur gauche croise légèrement en avant le membre antérieur droit.

La pirouette ordinaire peut se faire d'un seul coup, au

galop, par exemple ; le cheval fait le demi-tour sur les
hanches sans que ses pieds de devant touchent terre. C'est
de la représentation de ce mouvement que nous allons nous
occuper.

Le cheval galopant à gauche, par exemple, pose d'abord
à terre le pied postérieur droit, puis, au lieu du diagonal
droit, le pied postérieur gauche seulement ; le corps, lancé

par la détente du membre postérieur droit, pivote autour
du membre postérieur gauche ; le membre antérieur gauche
pose à terre presque en même temps que le postérieur
droit, puis, ensuite, l'antérieur droit ; le cheval, rebon-
dissant sur ce dernier membre, repart au galop sur le pied
droit.

V. — Lançade.

La lançade peut aussi être considérée comme un mouvement sur place. C'est un demi-cabrer par lequel le cheval
se jette en avant lorsqu'il est à la fois excité et retenu au
moment de partir au galop. Van der Meulen et Wouwer-

mans, dans leurs tableaux qui ont pour sujet les batailles
et les guerres de Louis XIV, ont presque toujours représenté ce prince au milieu de ses officiers sur des chevaux

dans cette position ou dans celle de la courbette dont nous
allons parler.

Dans la position que nous venons de dessiner, le cheval
va poser à terre le pied droit de devant, puis le gauche ; les
pieds de derrière se sont posés dans le même ordre. Le
mouvement est analogue à un pas de galop à quatre temps
à gauche.

VI. — Courbette.

La *courbette* consiste dans un demi-cabrer exécuté par le
cheval en repliant sous lui ses membres antérieurs. Dans
ce mouvement, le cheval reste droit et enlève ses deux
pieds simultanément.

La courbette est un air relevé de l'ancienne haute école,
très fatigant pour le cheval. Les anciens artistes ont souvent

représenté ce mouvement. L'un des plus célèbres tableaux de Vélasquez est le portrait équestre de Philippe, roi d'Espagne. Le roi est représenté sur un cheval andalous exécutant cet air ; il est à demi ramené et à demi enlevé sur ses membres postérieurs.

La courbette est le premier temps du mouvement du sauteur dans les piliers ; le deuxième temps est, selon la volonté de l'écuyer, la ruade ou la croupade (croupionnement). Dans le premier cas, le mouvement, ainsi que nous l'avons déjà dit, s'appelle la *cabriole ;* dans le deuxième cas, il s'appelle la *ballottade.*

TROISIÈME PARTIE

CHAPITRE PREMIER

Généralités sur les allures.

Allures symétriques et dissymétriques. — Allures marchées et allures sautées.
Allures naturelles et artificielles.
Principes de la représentation des allures. — Notation.

On appelle *allure* du cheval toute manière continue de
se mouvoir de cet animal en répétant indéfiniment les
mêmes mouvements ; chacun des membres exécute alors
une certaine évolution qui le ramène à la position d'où il
était parti dans le même temps et, pendant l'évolution com-
plète d'un membre, le cheval accomplit un *pas* de l'allure
à laquelle il marche.

I. — Allures symétriques et dissymétriques.

On peut considérer les allures à un premier point de vue,
suivant que le mouvement de chacun des quatre membres,
dans chaque bipède, antérieur ou postérieur, est le même,
ou que chacun des quatre membres, seul ou associé à un de
ses congénères en diagonale, est un mouvement différent.
Les allures de la première catégorie sont les *allures symétriques*, le *pas* avec toutes ses variétés, depuis le *trot marché*

ou *petit trop*, jusqu'à l'*amble marché*, le *trot*, proprement dit et ses dérivés, *flying-trot, passage, piaffer* et le *reculer :* dans la deuxième catégorie des *allures dissymétriques* se trouvent le *galop* et ses dérivés, le *galop normal*, la *course*, le *galop à quatre temps ;* l'*aubin* et le *traquenard* sont aussi des allures dissymétriques ; mais ce sont des allures irrégulières dont nous reparlerons au chapitre du trot ; nous n'en ferons d'ailleurs pas une étude approfondie, les allures défectueuses n'entrant pas dans le cadre de cette étude.

II. — Allures sautées et allures marchées.

Nous considérerons aussi les allures à un autre point de vue, suivant que le cheval a toujours un pied au moins en contact avec le sol, ou bien que le corps du cheval reste en l'air pendant une certaine fraction du temps qu'il met à exécuter un pas de l'allure à laquelle il marche ; on appelle cette fraction temps de suspension. Les allures de la première catégorie sont les *allures marchées*, le pas et ses variétés, le petit trot ; celles de la deuxième catégorie sont les *allures sautées*, le trot proprement dit et ses dérivés, le *galop*, la *course* (d'après les expériences de M. Marey, le galop raccourci à quatre temps, allure artificielle d'ailleurs, serait une allure marchée).

III. — Allures naturelles et artificielles.

Les allures se distinguent en *allures naturelles*, pas, trot et galop et *allures artificielles*. Certaines allures apprises au cheval par des procédés artificiels, telles que l'*amble*, par exemple, se fixent par l'hérédité ; il en est de même pour la *course ;* ces allures deviennent alors naturelles dans certaines races.

On appelle plus particulièrement *allures artificielles* les allures de la haute école, pas espagnol, passage, piaffer, etc.

Nous traiterons de ces allures en même temps que des allures dont elles dérivent.

IV. — Principes pour la représentation des allures.

Pour arriver à la représentation du cheval en mouvement, nous étudierons le mouvement relatif des membres du cheval qui produisent le mouvement absolu de l'animal et nous poserons les règles suivantes, basées sur le principe de la moindre action :

1° Le mouvement du corps est uniforme ; le mouvement du pied l'est aussi, sauf dans quelques cas particuliers qui seront l'objet d'une étude spéciale. Le mouvement de chacun des pieds, au poser et au soutien, a la même étendue ;

2° Du poser au lever, le mouvement relatif du pied, extrémité du membre, est en sens inverse de celui du corps et sa vitesse relative est celle même du corps ; du lever au poser, pendant le soutien, le mouvement relatif est dans le même sens que celui du corps ; le mouvement relatif a la même étendue dans les deux sens ;

3° Dans une allure symétrique, un membre antérieur ou postérieur est au milieu de son évolution lorsque son congénère, antérieur ou postérieur, commence ou finit la sienne ;

4° Le mouvement relatif d'un pied quelconque, dans une allure symétrique, a la même étendue en avant et en arrière de la verticale du centre de mouvement du membre ; il en résulte que deux membres antérieurs ou postérieurs, l'un à l'appui, l'autre au soutien, se croisent sur cette verticale lorsque le cheval est bien équilibré.

Nous verrons, en traitant du galop, comment doit alors se modifier cette proposition.

Si le mouvement est plus grand en avant de l'aplomb du centre de mouvement, le cheval est *sur les jarrets* ou *acculé ;* s'il est plus petit, le cheval est *sur les épaules.* Le cheval qui descend ou retient est naturellement sur les jarrets, celui qui monte ou qui tire, sur les épaules.

Dans toutes les allures, le pied pose d'abord par la partie la plus rapprochée du centre de mouvement, le talon pour les allures ordinaires qui sont en avançant, la pince pour le reculer : c'est ce qui fait que souvent des chevaux dessinés

sur un appui diagonal sont au reculer au lieu du pas qui était l'idée de l'artiste ; l'appui se fait également sur toute la surface du pied au milieu de l'appui, puis ensuite le talon se lève le premier. Cette règle n'a d'exception que pour les chevaux tirant de lourds fardeaux, qui posent les pieds en pince pour pouvoir prendre ainsi un point d'appui plus fort.

V. — Notation des allures.

Pour étudier le mouvement relatif des membres dans les diverses allures, nous nous servirons de deux séries de données expérimentales : le temps qu'un membre est au poser et au soutien, la trace laissée par les pieds sur le sol.

Les appareils enregistreurs de M. Marey indiquent par un trait plein le temps que chacun des membres reste à l'appui et, par un vide, le temps que chacun d'eux reste au soutien ; ces temps sont égaux pour chaque membre. La longueur du pas est donnée par la distance de deux foulées consécutives du même pied mesurée sur le sol ; la somme des longueurs du trait plein et du vide représente le temps nécessaire pour l'exécution d'un pas de l'allure ou pour que le cheval avance de la longueur du pas ; le trait plein indique le temps qu'un pied reste à terre et, par suite, la fraction du pas parcourue pendant l'appui par le corps du cheval ; la longueur de cette fraction est précisément égale à l'*amplitude* du mouvement ; le vide indique le temps du soutien pendant lequel s'exécute le mouvement relatif en avant. Les vitesses relatives en avant et en arrière sont en raison inverse de ces deux temps.

Nous diviserons le temps total du pas en un certain nombre de parties égales, tel qu'il y en ait un nombre entier, pendant lesquelles un membre sera à l'appui et un autre nombre entier pendant lesquelles ce membre sera au soutien ; pendant chacune de ces fractions, le membre à l'appui parcourt une longueur égale à l'amplitude divisée par le nombre de ces fractions comprises dans le temps total de l'appui et, au soutien, une longueur égale à l'amplitude divisée par le nombre de fractions comprises dans le temps total du soutien. Les longueurs parcourues à l'appui l'étant d'un mouvement relatif en arrière sont affectées du signe —, celles parcourues au soutien l'étant d'un mouvement relatif en avant, sont affectées du signe $\div$.

Pour bien faire comprendre notre procédé, nous allons prendre un exemple, celui du galop normal à droite :

RELEVÉ DE L'APPAREIL ENREGISTREUR.

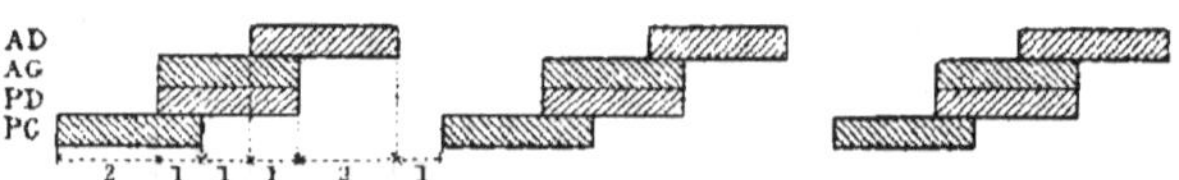

TRACE LAISSÉE SUR LE SOL.

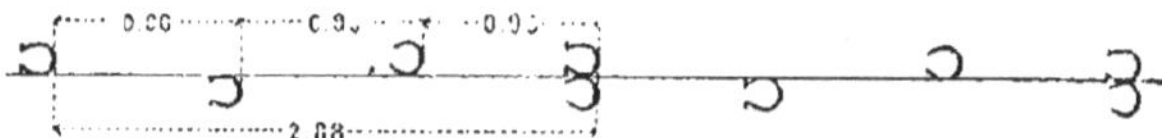

Le relevé sur le sol nous apprend que la longueur du pas est de $2^m,88$; le temps de l'appui pour un membre est les 3/8 du temps total du pas ; l'amplitude est donc $\dfrac{2^m,88 \times 3}{8}$ ou $1^m,08$; ceci résulte du relevé de l'appareil enregistreur. L'évolution d'un membre se divisera en 8 parties, 3 à terre, égales à $0^m,36$; 5 en l'air, égales à $0^m,216$; le relevé de l'appareil enregistreur nous montre que le postérieur gauche aura reculé de deux parties lorsque le diagonal gauche posera et que le diagonal gauche aura reculé de deux parties lorsque posera l'antérieur droit, enfin que le temps de suspension sera de 1/8. Nous aurons donc pour chaque membre le tableau suivant, indiquant sur chaque verticale la position simultanée de chacun des quatre membres :

AD	+ 2	+ 3	+ 4	+ 5	— 1	— 2	— 3	+ 1
AG	+ 4	+ 5	— 1	— 2	— 3	+ 1	+ 2	+ 3
PD	+ 4	+ 5	— 1	— 2	— 3	+ 1	+ 2	+ 3
PG	— 1	— 2	— 3	+ 1	+ 2	+ 3	+ 4	+ 5

Pour établir ce tableau, voici le procédé à suivre :

Le mouvement commençant par le membre postérieur gauche, on écrira d'abord la ligne concernant ce membre du poser au poser suivant, — 5 marquant la fin de l'évolution ; puis les deux lignes concernant le diagonal gauche, en observant que lorsque ce diagonal pose, le postérieur gauche a déjà accompli les 2/3 de son mouvement en arrière ; — 1 sera donc au-dessus de — 3 ; par le même raisonnement, on placera — 1 de l'antérieur droit au-dessus de — 3 du diagonal gauche et on écrira à la suite les uns des autres les chiffres indiquant les différentes positions d'une manière continue.

Un raisonnement que nous développerons quand nous traiterons du galop nous montrera que les centres de mouvement des membres qui forment le bipède latéral gauche sont à 0ᵐ,12 en arrière de leur position normale et ceux du bipède latéral droit à 0ᵐ,12 en avant de cette position.

Pour dessiner une quelconque des positions dont nous

avons les données, la première, par exemple, nous procéderons ainsi :

Nous tracerons d'abord deux lignes représentant l'amplitude à l'échelle du dessin, divisées l'une en trois, l'autre en cinq parties et numérotées pour indiquer la position du membre par rapport au milieu de ces lignes qui représente l'aplomb du centre de mouvement ; puis ensuite un carré

à l'échelle dans lequel nous placerons les lignes marquant les verticales des centres de mouvement.

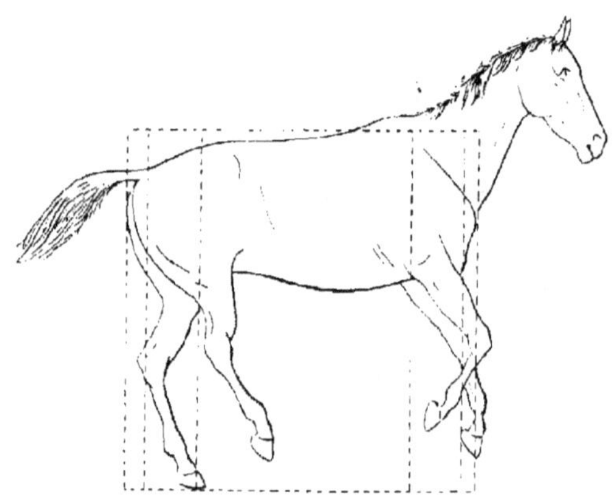

Nous ferons remarquer que notre notation correspond à un mouvement absolument continu et que nous passons de —3, fin du mouvement en arrière ou moment du lever, à — 1, première division du soutien ; de même de + 5, fin

du soutien ou poser, à — 1, première division de l'appui.
C'est que — 3 est aussi bien la fin de l'appui que le commencement du soutien, de même que — 5 est aussi bien la
fin du soutien que le commencement de l'appui ; c'est dans
l'interprétation de cette phase que réside l'aspect plus ou
moins tride du mouvement du cheval, ainsi que le montrent
ces deux figures prises au même moment du pas.

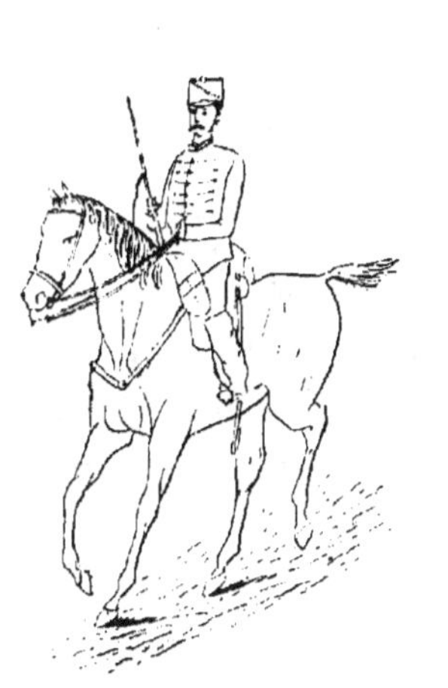 

CHAPITRE II

Le *pas* est une allure marchée, à quatre temps ou battues, symétrique, dans laquelle le cheval est à l'appui, tantôt sur une base diagonale, tantôt sur une base latérale.

Lorsque la période d'appui sur une base latérale disparaît, on a le petit trot ; lorsque la période d'appui sur la base diagonale disparaît, on a l'amble. Entre ces deux extrêmes se trouvent toutes les variétés du pas.

Cette allure est variable pour un même cheval suivant sa vitesse et le poids qu'il porte. La durée des périodes d'appui sur les bases diagonales diminue en même temps que la grandeur de ces bases lorsque la vitesse augmente ; le temps d'appui sur les bases latérales varie peu ; l'équilibre devient naturellement moins stable à mesure que la vitesse augmente.

Au pas normal, un pied reste aussi longtemps à l'appui qu'au soutien, de sorte que, par suite de la symétrie de l'allure, un pied de devant, par exemple, se lève juste au moment même où l'autre pose à terre ; le cheval est donc toujours supporté par deux pieds et la base tripédale d'appui est théoriquement instantanée.

Dans le pas pris comme type par Raabe et Lenoble du

Teil, la longueur du pas est de 1^m,80 ; l'appui sur les bases diagonales est deux fois plus long que sur les bases latérales. Il sera représenté par le diagramme suivant de M. Marey :

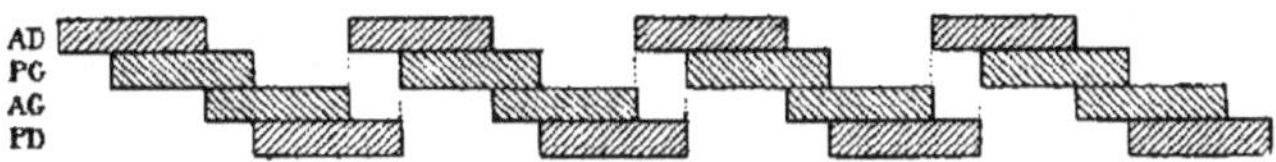

L'amplitude est de la moitié du pas, les deux parties pleines et vides correspondant à un pied étant égales ; elle est donc de 0^m,90 ; en divisant en six parties égales à 0^m,15 le mouvement relatif en arrière et aussi en six parties le mouvement relatif en avant, on aura le tableau suivant :

AD	−1	−2	−3	−4	−5	−6	+1	+2	+3	+4	+5	+6
PG	+5	+6	−1	−2	−3	−4	−5	−6	+1	+2	+3	+4
AG	+1	+2	+3	+4	+5	+6	−1	−2	−3	−4	−5	−6
PD	−5	−6	+1	+2	+3	+4	+5	+6	−1	2	−3	−4

On voit que le pied postérieur gauche posera lorsque le pied antérieur droit aura déjà reculé de deux divisions, soit 0^m,30 ; ce pied sera alors à 0^m,15 en avant de l'aplomb de son centre de mouvement au moment même où le pied postérieur gauche posera à 0^m,45 en avant de l'aplomb de son centre de mouvement ; si l'on admet, comme les deux auteurs que nous venons de citer, que la distance des centres de mouvement est de 1^m,20, la distance des empreintes sera de 0^m,90 ; par suite de la symétrie de l'allure, le pied antérieur gauche marquera ses foulées à égale distance de deux foulées consécutives du pied antérieur droit, c'est-à-dire au milieu de la longueur de 1^m,80 qui les sépare, ce qui fait que les foulées des deux pieds antérieurs seront

distantes de 0ᵐ,90 ; le pied postérieur gauche venant mar-
quer sa foulée à 0ᵐ,90 de celle du pied antérieur droit
recouvrira donc la foulée du pied antérieur ; on voit donc
que dans l'allure ainsi définie, les pistes des pieds de derrière recouvrent celles des pieds de devant. Le rythme des
battues est très simple :

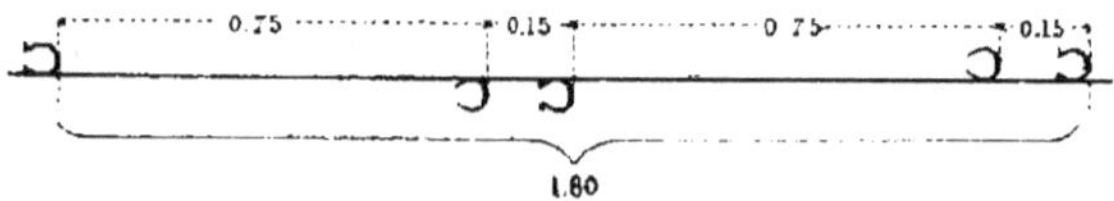

Nous n'avons jamais observé de cheval faisant le pas de
1ᵐ,80 sans que la foulée du pied postérieur dépassât celle
du pied antérieur du même côté.

Nous donnons ci-dessous plusieurs exemples de pas
observés sur des chevaux dont nous connaissions exactement la base de sustentation mesurée par l'étendue de la
base d'appui diagonal au trot normal :

1° Un cheval de pur sang, de 1ᵐ,61 de taille et de 1ᵐ,10
de base de sustentation, faisant le kilomètre au pas en 7′30″,
nous a donné le relevé suivant :

L'amplitude sera de 0ᵐ,90 ; nous diviserons le mouvement total d'un membre en 18 parties, 9 à terre et 9 en l'air,
égales à 0ᵐ,10.

La distance des centres de mouvement étant de 1ᵐ,10 et
le pied postérieur gauche posant à 0ᵐ,75 du pied antérieur

droit, il en résulte qu'à ce moment celui-ci a reculé de 0^m,35 ou de trois divisions et demie. Nous aurons donc le tableau suivant dans lequel les chiffres des membres postérieurs correspondent au milieu des intervalles de ceux des membres antérieurs. (Pour qu'ils se correspondent, il faudrait diviser en 36 parties) :

—1	—2	—3	—4	—5	—6	—7	—8	—9	+1	+2	+3	+4	+5	+6	+7	+8	+9
+6	+7	+8	+9	—1	—2	—3	—4	—5	—6	—7	—8	—9	+1	+2	+3	+4	+5
+1	+2	+3	+4	+5	+6	+7	+8	+9	—1	—2	—3	—4	—5	—6	—7	—8	—9
—6	—7	—8	—9	+1	+2	+3	+4	+5	+6	+7	+8	+9	—1	—2	—3	—4	—5

Le rythme des battues est indiqué par les intervalles suivants :

AD		PG		AG		PD		AD		PG
7		11		7		11		7		

2° Une jument anglo-normande de 1^m,60 de taille et 1^m,20 de base de sustentation, faisant le kilomètre en 7′ 15″, nous a donné le relevé suivant :

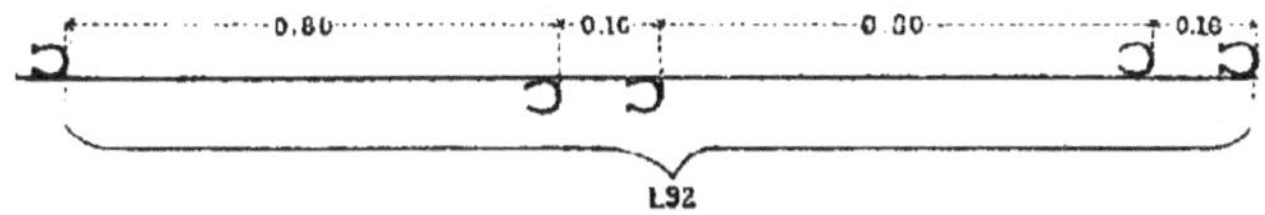

L'amplitude est de 0^m,96 ; nous diviserons le mouvement en 12 parties, 6 à terre, 6 en l'air, égales à 0^m,16. Nous ne répéterons pas le raisonnement précédent et nous aurons le tableau suivant dans lequel les chiffres des membres postérieurs correspondent au milieu des intervalles de ceux des membres antérieurs :

AD   −1 −2 −3 −4 −5 −6 +1 +2 +3 +4 +5 +
PG   +4 +5 +6 −1 −2 −3 −4 −5 −6 +1 +2 +3
AG   +1 +2 +3 +4 +5 +6 −1 −2 −3 −4 −5 −
PD   −4 −5 −6 +1 +2 +3 +4 +5 +6 −1 −2 −3

Le rythme des battues est le suivant :

AD   PG   AG   +PG   AD   PG   AG   PD
  5   7   5   7   5   7   5

3° Un cheval de $1^m,55$ et de $1^m,06$ de base de sustentation, très vite au pas (6′35″ à 6′45″ le kilomètre), nous a donné le relevé suivant :

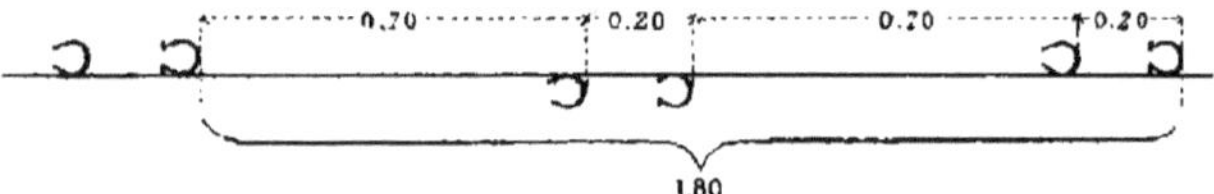

En divisant en 10 parties égales à $0^m,18$, on a le tableau suivant :

AD −1 −2 −3 −4 −5 +1 +2 +3 +4 +5
PG +4 +5 −1 −2 −3 −4 −5 +1 +2 +3
AG +1 +2 +3 +4 +5 −1 −2 −3 −4 −5
PD −4 −5 +1 +2 +3 +4 +5 −1 −2 −3

ce qui correspond au rythme suivant pour les battues :

AD   PG   AG   PD   AD   PG   AG   PD
  2   3   2   3   2   3   2

4° Un autre cheval de $1^m,56$ et de $1^m,08$ de base de sustentation, faisant le kilomètre en 7′, nous a donné le relevé suivant :

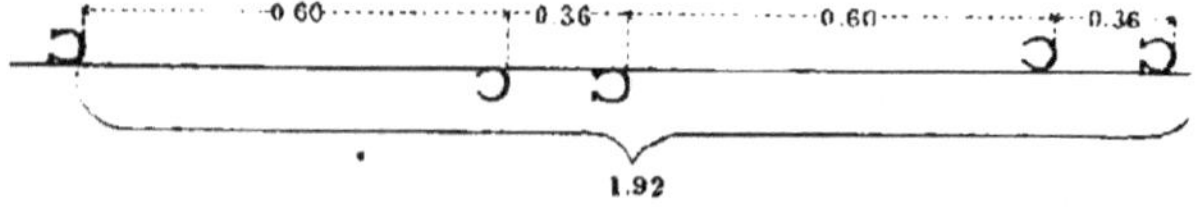

En divisant en 16 parties égales à 0^m,12, on a le tableau suivant :

```
AD  —1  —2  —3  —4  —5  —6  —7  —8  +1  +2  +3  +4  +5  +6  +7  +8
PG  +5  +6  +7  +8  —1  —2  —3  —4  —5  —6  —7  —8  +1  +2  +3  +4
AG  +1  +2  +3  +4  +5  +6  +7  +8  —1  —2  —3  —4  —5  —6  —7  —8
PD  —5  —6  —7  —8  +1  +2  +3  +4  +5  +6  +7  +8  —1  —2  —3  —4
```

Les battues sont également espacées. C'est le rythme donné par Lecoq. Il est, d'ailleurs, parfaitement conforme au principe de la moindre action que les deux membres antérieurs ou postérieurs passent à l'aplomb de leur centre de mouvement et soient l'un au milieu de son appui, l'autre au milieu de son soutien, lorsque les deux autres sont, l'un à la fin de son appui, l'autre à la fin de son soutien.

Le type de pas donné par Lecoq a 1^m,60 de long ; les bases diagonales sont de 0^m,80, ce qui fait que les pistes se recouvrent. Avec la base de sustentation de 1^m,20, on a le tableau suivant, qui indique bien, ainsi d'ailleurs que le dit cet auteur, que les battues sont également espacées.

```
AD  —1  —2  —3  —4  —5  —6  —7  —8  +1  +2  +3  +4  +5  +6  +7  +8
PG  +5  +6  +7  +8  —1  —2  —3  —4  —5  —6  —7  —8  +1  +2  +3  +4
PG  +1  +2  +3  +4  +5  +6  +7  +8  —1  —2  —3  —4  —5  —6  —7  —8
PD  —5  —6  —7  —8  +1  +2  +3  +4  +5  +6  +7  +8  —1  —2  —3  —4
```

Nous avons connu un cheval de trompette qui marchait exactement de cette manière.

Nous remarquerons incidemment que les deux derniers chevaux très vites au pas, dont nous venons de parler, avaient été attelés : ces deux chevaux étaient sous-verges au 5ᵉ régiment d'artillerie (1).

Nous citerons encore deux exemples de pas de 1ᵐ,60 ;

5° Un cheval hongrois de 1ᵐ,54 et 1ᵐ,04 de base de sustentation, très ardent, mais fatigué des membres, faisant le kilomètre en 8′, donnait le relevé suivant :

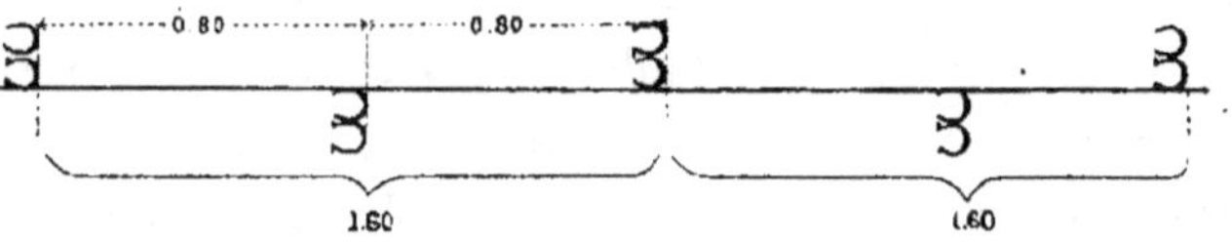

les pistes se recouvraient. En divisant en 10 parties égales à 0ᵐ,16, on a le tableau suivant (les chiffres des membres postérieurs correspondant au milieu des intervalles de ceux des membres antérieurs) :

```
AD  — 1   — 2   — 3     4   — 5   + 1   + 2   + 3   + 4   + 5
PG      + 5   — 1   — 2   — 3   — 4   — 5   + 1   + 2   + 3   + 4
AG  + 1   + 2   + 3   + 4   + 5   — 1   — 2   — 3   — 4   — 5
PD      — 5   + 1   + 2   + 3   + 4   + 5   — 1   — 2   — 3   — 4
```

On a pour les battues le rythme suivant :

```
AD     PG         AG     PD        AD     PG         AG     PD
   3       7         3       7        3       7         3
```

Ce cheval était très fatigant et ne semblait pas aller au pas ;

---

(1) Ce fait n'est pas isolé. Nous avons connu au 19ᵉ régiment d'artillerie un sous-verge de 1ᵐ,49 faisant aussi le kilomètre en 7 minutes. Nous expliquons ainsi ce fait : la gêne qu'éprouve le cheval attelé a pour effet de raccourcir ses mouvements et, par suite, pour avoir la vitesse des chevaux montés, le sous-verge est obligé de répéter davantage ; il en prend l'habitude qu'il conserve lorsqu'il est monté et que son pas a repris sa grandeur normale.

6° Un cheval breton de 1^m,56 et de 1^m,08 de base de sustentation donnait le relevé suivant :

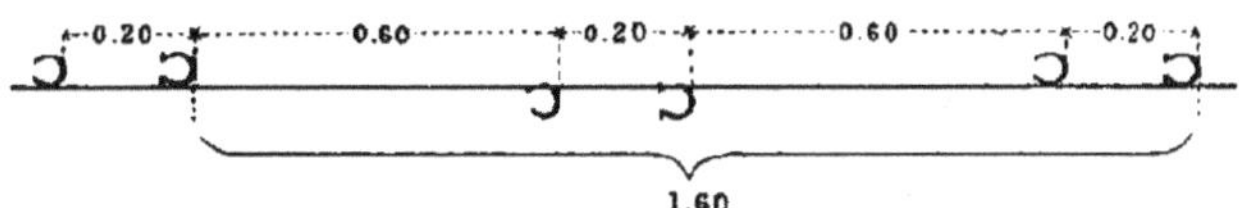

En divisant en 10 parties égales à 0^m,16, on aura le tableau suivant :

AD	— 1	— 2	— 3	— 4	— 5	+ 1	+ 2	+ 3	+ 4	+ 5
PG	+ 3	+ 4	+ 5	— 1	— 2	— 3	— 4	— 5	+ 1	+ 2
AG	+ 1	+ 2	+ 3	+ 4	+ 5	— 1	— 2	— 3	— 4	— 5
PD	— 3	— 4	— 5	+ 1	+ 2	+ 3	+ 4	+ 5	— 1	— 2

On a pour le rythme des battues :

AD		PG		AG		PD		AD		PG		AG		PD
	3		2		3		2		3		2		3	

Ce cheval était le produit d'une jument bidette et d'un cheval anglo-arabe. Il faisait à ce pas 8 à 10 kilomètres à l'heure. C'était de plus un cheval remarquablement léger au galop.

Il est facile, avec la notation que nous employons, de représenter un cheval sur les jarrets ou sur les épaules ; il suffit pour cela de supposer les centres de mouvement avancés ou reculés. Nous représentons ci-joint la position du type de M. Lecoq : ad. — 4, pg. + 8, ag. + 4, pd. — 8, avec l'unité égale à 0^m,12 pour un cheval descendant et égale à 0^m,10 pour un cheval montant, avançant ou reculant dans les deux cas les centres de mouvement de deux unités.

Quand un cheval tire un lourd fardeau, la longueur du

pas diminue beaucoup et la base d'appui tripédale a une durée sensible ; le cheval attaque le terrain en pince pour prendre un plus fort point d'appui et il avance un peu par

saccades, du moins en apparence. Le pied de derrière marque son empreinte en arrière de celle du pied de devant.

Prenons un pas donnant le relevé suivant :

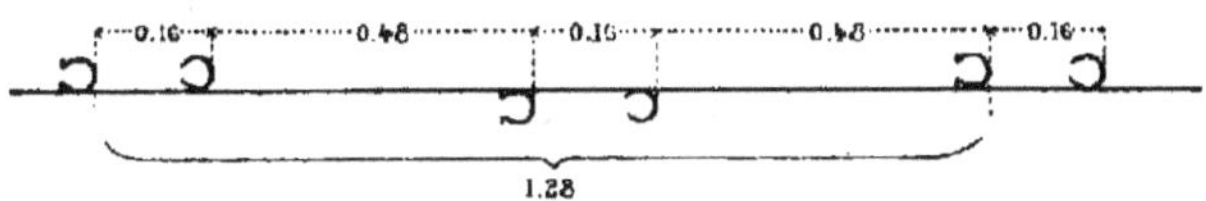

En divisant en 16 parties et en admettant la base de $1^m,12$, nous aurons le tableau que nous avons déjà eu pour le pas suivant M. Lecoq. En diminuant la pose correspondant à la base tripédale instantanée, il y a lieu, pour donner l'expression de l'effort, de faire poser trois pieds à terre.

CHAPITRE III

Le reculer.

Nous avons classé le *reculer* parmi les allures à cause de sa continuité. En effet, tout ce que nous avons dit sur les allures symétriques lui est applicable.

Le *reculer* est une allure marchée, s'exécutant par bipèdes diagonaux, dans laquelle chaque pied reste aussi longtemps à l'appui qu'au soutien. Un diagonal se lève aussitôt que l'autre pose. Le pied pose en pince et le talon se lève le dernier.

L'amplitude du pas du reculer est variable suivant la volonté du cavalier qui monte le cheval ; toutefois, elle ne saurait dépasser la longueur de la base de sustentation diminuée de la longueur du fer.

La figure ci-contre représente un pas de reculer de 1ᵐ,60,

correspondant au tableau suivant dans lequel l'unité est
égale à 0^m,26 :

| DD | — 1 | — 2 | — 3 | — 4 | + 1 | + 2 | + 3 | + 4 |
| DG | + 1 | + 2 | + 3 | + 4 | — 1 | — 2 | — 3 | — 4 |

Le moment représenté est le dernier.

Au reculer, le cheval est rarement sur les épaules ; ce
fait se produit cependant lorsque le cheval recule plus vite
que ne le veut celui qui le conduit. S'il recule attelé ou en
se défendant, il se met sur les jarrets et s'*accule ;* souvent
alors il se cabre.

Le reculer peut se faire au trot ; c'est une allure artificielle difficile à obtenir ; il y a un temps de suspension très
court ; la cadence est celle du passage. Nous y reviendrons
quand nous parlerons de cette allure.

CHAPITRE IV

Le trot et les allures qui en dérivent.

Trot normal, grand trot, petit trot. — Flying-trot.
Traquenard. — Aubin. — Passage. — Piaffer. — Trot à reculons.

Le *trot* est une allure dans laquelle les membres du cheval se meuvent par bipèdes diagonaux, les deux membres de chaque bipède diagonal conservant entre eux une distance constante égale à la longueur de la base de sustentation.

I. — Trot proprement dit.

Dans le trot tel que nous venons de le définir, on distingue trois cas :

La trace des pieds postérieurs recouvre exactement celle des pieds antérieurs : on a alors le *trot normal ;*

La trace des pieds postérieurs dépasse celle des pieds antérieurs : on a alors le *grand trot ;*

Les pieds postérieurs marquent leur trace en arrière de celles des pieds antérieurs : on a alors le *petit trot.*

Dans le trot normal et dans le grand trot, il y a forcément un temps de suspension pour que le pied postérieur ne frappe pas le pied antérieur à l'appui du même côté ; dans le petit trot, le temps de suspension disparaît dès que la pince du pied postérieur ne mord plus sur l'empreinte du pied antérieur.

La distance des pieds antérieur et postérieur d'un même bipède diagonal est sensiblement constante ; elle diminue un peu lorsque la vitesse du cheval ou le poids qu'il porte augmentent ; nous n'en tiendrons pas compte dans ce qui va suivre.

En vertu du principe de la moindre action, le temps de suspension sera le temps suffisant et nécessaire pour empêcher le cheval de forger. Ce temps est d'autant plus grand que l'allure est plus rapide ou le pas plus grand ; il y a, en effet, lieu de remarquer que la vitesse du cheval au trot dépend de deux facteurs : le nombre de pas en un temps donné et leur étendue. Le premier facteur varie peu et l'augmentation ou la diminution de la vitesse est due presque en entier à l'augmentation ou à la diminution de la grandeur du pas. Plus l'étendue du pas augmente, plus la quantité, dont la trace du pied postérieur dépasse celle du pied antérieur du même côté, augmente aussi, la distance entre les deux traces des deux pieds d'un même diagonal restant constante ; l'augmentation de cette quantité amène forcément l'augmentation du temps de suspension. Si nous admettons une base diagonale de $1^m,20$ pour un pas de

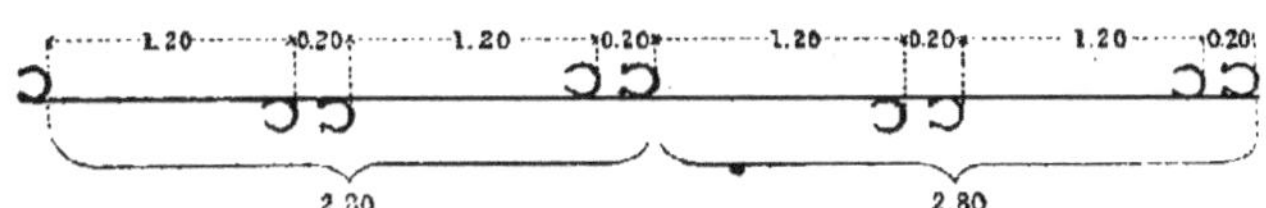

$2^m,80$, le pied de derrière dépassera le pied de devant du même côté de $0^m,20$; si le pas est de $3^m,20$, il le dépassera de $0^m,40$.

Étant donné la condition que le temps de suspension doit être le temps nécessaire et suffisant pour empêcher le cheval de forger, connaissant la longueur de la base de sustentation, celle du pied, la longueur du pas et, par suite, la quantité dont la trace du pied postérieur dépasse celle du pied antérieur, on peut déterminer par le calcul :

1° Le temps de suspension ;

2° Le rapport des vitesses relatives ;

3° L'amplitude du mouvement.

On peut remarquer que, quand le cheval est en l'air, quelle que soit sa vitesse, la distance des deux pieds d'un même bipède antérieur ou postérieur est toujours constante.

En effet, le membre antérieur droit, par exemple, est éloigné du membre postérieur gauche d'une longueur égale à la base de sustentation ; or, d'après ce que nous avons dit, les centres des deux pieds du même côté sont éloignés l'un de l'autre d'une longueur égale à celle du pied de devant ; on voit donc que, dans le temps de suspension, les deux pieds d'un même bipède antérieur ou postérieur sont à une distance l'un de l'autre égale à la longueur de la base de sustentation diminuée de la longueur du pied.

Nous donnons ici dans ce tableau les temps de suspension $\frac{1}{n}$, le rapport des vitesses relatives $\frac{V'}{V''}$ et les amplitudes A correspondant aux pas P, depuis $2^m,10$ jusqu'à $4^m,20$, en prenant pour longueur de la base de sustentation $1^m,20$ et pour longueur du pied $0^m,15$; le pas de $2^m,10$ correspond à un temps de suspension nul et celui de $4^m,20$ au temps de $\frac{1}{3}$, que l'expérience a montré être le maximum pour un membre, du moins dans une allure continue.

P	n	$\dfrac{V+}{V-}$	A	P	n	$\dfrac{V+}{V-}$	A
2.10	∞	1	1.05	3.20	4.82	0.657	1.268
2.20	43	0.951	1.07	3.30	4.5	0.636	1.283
2.30	22	0.913	1.10	3.40	4.23	0.617	1.298
2.40	15	0.875	1.12	3.50	4	0.600	1.3125
2.50	11.5	0.840	1.14	3.60	3.8	0.583	1.326
2.60	9.4	0.808	1.16	3.70	3.625	0.567	1.338
2.70	8.0	0.778	1.18	3.80	3.47	0.553	1.352
2.80	7.0	0.75	1.20	3.90	3.33	0.538	1.365
2.90	6.25	0.724	1 218	4.00	3.21	0.525	1.377
3.00	5.67	0.700	1.235	4.10	3.1	0.512	1.389
3.10	5.2	0.677	1.252	4.20	3	0.500	1.400

Nous donnons ici, pour les lecteurs qui tiendraient à les connaître, les calculs qui nous ont servi à trouver les formules nécessaires pour calculer les données comprises dans ce tableau.

Soit l la distance des deux pieds d'un même diagonal, d la longueur dont la pince du pied postérieur dépasse celle du pied antérieur, la longueur du pas P sera $2\,(l+d)$.

Si $\frac{1}{n}$ est le temps de suspension, le corps sera à l'appui pendant un temps $\frac{n-1}{n}$ et par suite la durée de l'appui sur chacun des deux diagonaux sera $\frac{n-1}{2n}$. L'espace parcouru par le corps pendant cet appui sera $\mathrm{P}\,\frac{n-1}{2n}$ et égal à l'amplitude A.

Le temps pendant lequel un diagonal sera en l'air sera $\frac{n+1}{2n}$. Les vitesses relatives seront entre elles dans le rapport inverse des temps et on aura $\dfrac{V+}{V-}=\dfrac{n-1}{n+1}$.

Si nous considérons le mouvement d'un bipède diagonal, nous verrons qu'il se lèvera lorsque l'autre aura encore à parcourir avant de se poser la longueur $p + d$, p étant la longueur du pied antérieur.

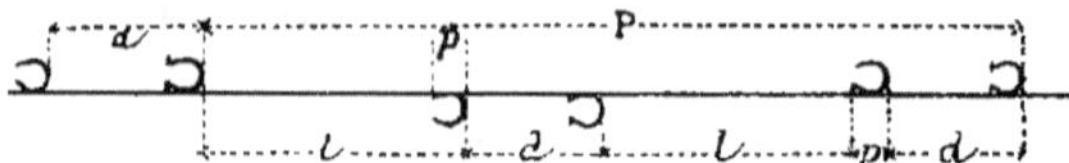

Il y aura donc suspension deux fois dans un pas pendant que chaque diagonal parcourra la longueur $p + d$ avec sa vitesse absolue. Supposant le temps d'un pas égal à l'unité, la vitesse du corps et la vitesse V — sont égales à P. La vitesse absolue est égale à $P + V +$ ou $P + P\dfrac{n-1}{n+1}$ ou $\dfrac{2Pn}{n+1}$; le temps employé à parcourir l'espace $p + d$ est égal à

$$\frac{(n+1)(p+d)}{2Pn};$$

or ce temps est la moitié du point de suspension, ce qui donne

$$\frac{1}{n} = \frac{(n+1)(p+d)}{Pn}.$$

D'où l'on tire

$$n = \frac{P - (p+d)}{p+d} = \frac{2l + d - p}{p+d}.$$

On voit que n diminue quand d augmente et que par suite $\dfrac{1}{n}$ augmente avec d.

Pour $d = -p$, $\dfrac{1}{n} = 0$: c'est la limite du trot sans temps de suspension; si le pas est encore plus petit, $\dfrac{1}{n}$ devient négatif, ce qui indique que les quatre pieds peuvent rester à l'appui ensemble sans se toucher pendant un certain temps; cela n'arrive jamais, les pieds restant alors aussi longtemps au soutien qu'à l'appui.

L'écartement en l'air des pieds d'un bipède antérieur ou postérieur est égal à la moitié du pas diminué de l'espace parcouru par un diagonal pendant la moitié du temps de suspension avec sa vitesse absolue. Cet espace est

$$\frac{P}{2n} + \frac{P}{2n}\frac{n-1}{n+1} = \frac{P}{n+1}$$

et l'écartement sera :

$$E = \frac{P}{2} - \frac{P}{n+1} = \frac{P(n-1)}{2(n+1)}.$$

On peut encore le déterminer à l'aide du mouvement relatif.

En effet, l'écartement est égal à l'amplitude diminuée de l'espace parcouru pendant le temps $\frac{1}{2n}$ avec la vitesse relative V +. On a

$$E = P\frac{n-1}{2n} - \frac{P(n-1)}{2n(n+1)} = P\frac{n-1}{2n+1}.$$

En remplaçant n par sa valeur ainsi que P en fonction de l, d et p. on a :

$$E = l - p.$$

Nous avions déjà démontré par un raisonnement très simple que cette quantité devait être une quantité constante et avoir cette valeur.

Dans le tableau que nous venons de donner, on peut voir que le pas de $2^m,10$ correspond à un temps de suspension nul ; la fatigue du cheval dépend de la grandeur de ce temps de suspension et augmente avec lui. On peut d'ailleurs démontrer mathématiquement que le travail est proportionnel à la vitesse pour une distance donnée. Le pas de $2^m,10$ fatigue donc très peu le cheval ; dans ces conditions, le cheval fait environ 95 pas par minute, ce qui nous donne la vitesse de 200 mètres par minute.

Prenons, par exemple. le pas de $2^m,80$; en employant notre notation, nous diviserons le temps en 7 parties, le temps de suspension étant de $\frac{1}{7}$; il y aura trois parties à terre et 4 en l'air, ce qui nous donnera le tableau suivant :

DD		−1	−2	−3	+1	+2	+3	+4
DG	+2	+3	+4	−1	−2	−3	+1	

où les chiffres du diagonal gauche correspondent aux milieux des intervalles de ceux du diagonal droit ; on peut aussi diviser le temps en 14 parties et on aura :

DD	−1	−2	−3	−4	−5	−6	+1	+2	+3	+4	+5	+6	+7	+8
DG	+2	+3	+4	+5	+6	+7	+8	−1	−2	−3	−4	−5	−6	+1

Le pas de $2^m,80$ et de $\frac{1}{7}$ de suspension est une donnée d'expérience de M. Marey.

Nous ajoutons au tableau les valeurs de P, de A et de $\frac{V+}{V-}$ pour les valeurs simples de n qui n'en font pas partie :

n	P	A	$\frac{V+}{V-}$
6	2.91	1.225	0.714
5.5	3.03	1.24	0.692
5	3.15	1.26	0.667
3.5	3.78	1.318	0.556

Il n'est facile d'appliquer la notation qu'aux pas dont la longueur correspond à une valeur simple de n.

Pour $n = 6$, nous diviserons le mouvement en 12 parties, 5 à terre, égales à $0^m,245$; 7 en l'air, égales à $0^m,175$, ce qui nous donnera le tableau suivant :

D D	—1	—2	—3	—4	—5	+1	+2	+3	+4	+5	+6	+7
D G	+2	+3	+4	+5	+6	+7	—1	—2	—3	—4	—5	+1

Le pas de $3^m,15$ se divisera en 10 parties, 4 à terre, 6 en l'air, égales respectivement à $0^m,315$ et $0^m,21$. Nous aurons le tableau suivant :

DD	—1	—2	—3	—4	+1	+2	+3	+4	+5	+6
DG	+2	+3	+4	+5	+6	—1	—2	—3	—4	+1

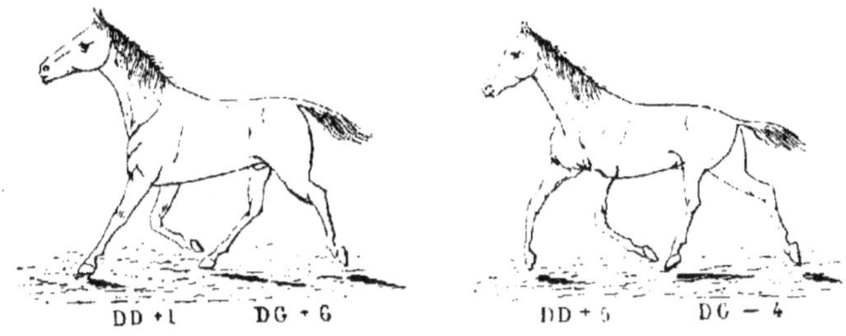

Le pas de $4^m,20$ se divisera en 12 parties, 4 à terre, égales à $0^m,35$; 8 en l'air, égales à $0^m,175$. On aura le tableau suivant :

DD	—1	—2	—3	—4	+1	+2	+3	+4	+5	+6	+7	+8
DG	+3	+4	+5	+6	+7	+8	—1	—2	—3	—4	+1	+2

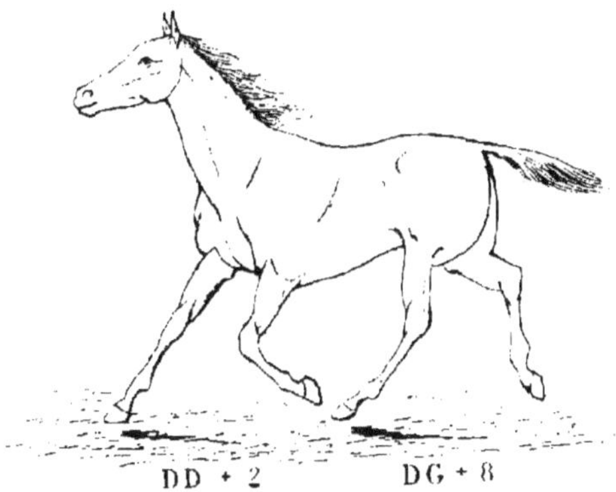

Le trot n'est pas toujours absolument conforme à la des-

cription que nous venons d'en faire ; quelquefois le temps
de suspension est plus grand qu'il n'est nécessaire ; il arrive
beaucoup plus fréquemment qu'il est trop petit et que
le cheval forge.

II. — Flying-trot.

Le *flying-trot*, ou trot de course, diffère du trot proprement dit en ce que dans chaque bipède diagonal le poser
des deux membres qui le composent n'est plus simultané.
Le pied postérieur pose à terre avant le pied antérieur. Il
en résulte que la base diagonale d'appui est plus grande et
que le temps de suspension et par suite la fatigue pour une
même longueur de pas sont moindres ; la réaction de l'allure
est décomposée et le cheval et le cavalier se fatiguent
moins ; de ce que l'allure est moins fatigante pour le cheval
il en résulte aussi que le nombre de pas pour un temps
donné est plus grand qu'au trot proprement dit :

Examinons le mouvement d'un bipède diagonal, le droit,
par exemple, dans le pas de flying-trot donné, comme
exemple, par Raabe :

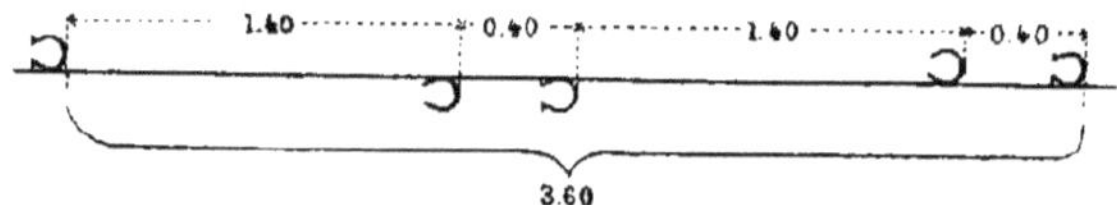

Nous trouverons pour :

Le temps de suspension total . . . . $0^m,180$
   — des 2 appuis diagonaux . . . . $0^m,68$
   — des 4 appuis sur un seul membre . $0^m,04$.

Soit en nombres ronds 1/3 sur chaque diagonal et 1/25 sur chaque membre isolément.

Nous donnons ci-dessous la démonstration.

Examinons le mouvement d'un bipède diagonal, le droit par exemple. Il y aura d'abord un temps de suspension pour que le membre antérieur gauche, qui dans le diagonal gauche se lève le dernier, ne soit pas frappé par le membre postérieur gauche qui se pose le premier. Ce temps est donné par la formule

$$\frac{1}{2\,n} = \frac{p + d}{2\,[\mathrm{P} - (p + d)]}$$

n est beaucoup plus grand que pour un pas de même longueur au trot ordinaire, d étant beaucoup plus petit à cause de l'augmentation de la base diagonale d'appui l'; l'appui a lieu ensuite sur le membre postérieur seul pendant le temps qui s'écoule avant le poser du membre antérieur; si nous supposons que les deux membres au soutien ont entre eux une distance égale à la base de sustentation l, ce qui est un minimum, ce temps sera le temps nécessaire pour parcourir en l'air avec la vitesse absolue du membre antérieur la longueur $l' - l$, ou $\dfrac{(l' - l)\,(n + 1)}{2\,\mathrm{P}\,n}$; l'appui a lieu ensuite sur les deux membres du bipède diagonal, puis sur le membre antérieur seul qui se lève après que le membre postérieur, levé avant lui, a parcouru la longueur $l' - l$; la valeur de n est celle qui correspond au pas de 3$^\mathrm{m}$,60 du trot ordinaire.

Si nous le comparons avec le pas du trot ordinaire de 3$^\mathrm{m}$,60, nous voyons que pour ce pas l'appui diagonal est plus long, 0,737, mais que le temps de suspension, 0,263,

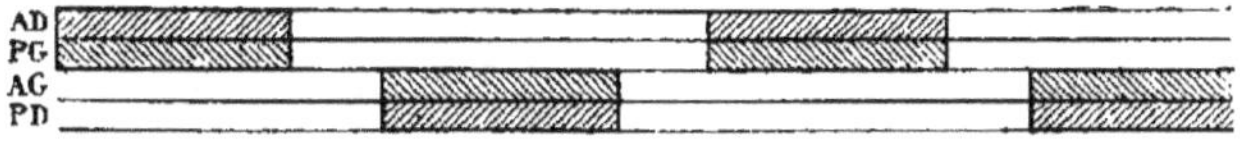

est plus long aussi de près d'un tiers. Nous figurons comparativement les deux allures avec la notation de M. Marey :

L'amplitude est la même dans les deux cas ainsi que les vitesses relatives. En résumé, les membres postérieurs sont

FLYING-TROT.

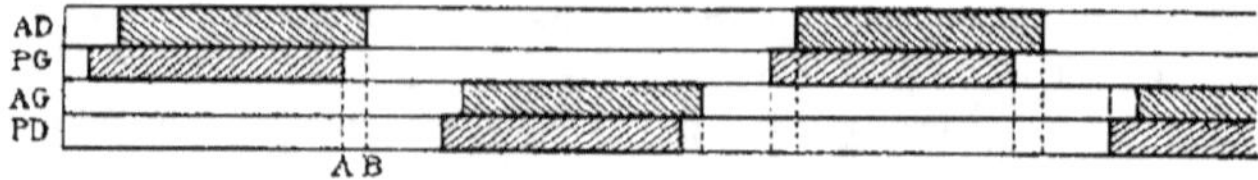

en avance sur les membres antérieurs de la longueur correspondant à A B.

III. — Aubin et traquenard.

A l'*aubin* et au *traquenard*, l'un des bipèdes diagonaux continue le trot régulier, l'autre marche au flying-trot. Si les pieds de devant se croisent sur l'aplomb de la base de sustentation, l'un en l'air, l'autre à l'appui, le cheval paraît trotter du devant, le synchronisme n'étant pas altéré ; le synchronisme des pieds de derrière n'existe plus ; le pied de derrière du bipède diagonal, qui est au flying-trot, est en avance sur l'autre et le cheval vu de derrière semble galoper de ce côté ; c'est le *traquenard* ; si, au contraire, le synchronisme est maintenu pour les pieds de derrière, le pied de devant du diagonal qui est au flying-trot est en retard par rapport à l'autre et, vu de devant, le cheval paraît galoper de ce côté : c'est l'*aubin*. Entre ces deux cas bien définis de chevaux détraqués, il y a place pour une multitude de variétés d'allures irrégulières, que nous n'étudierons pas.

IV. — Passage.

Le *passage* est un trot cadencé et tride, dans lequel le cheval gagne en hauteur ce qu'il perd en étendue.

Dans cette allure, la cadence est la moitié ou le tiers comme vitesse, par rapport à celle du trot ordinaire; la diagonale est beaucoup plus grande, ce qui est nécessaire pour l'équilibre. A chaque battue, le cheval lance son corps en l'air à une hauteur plus ou moins grande, selon ses moyens. C'est cette hauteur qui fait la beauté de l'allure. Les membres marquent en l'air un léger temps d'arrêt, comme les steppers; cela tient, comme pour ces derniers, à ce que le développement des rayons inférieurs se fait relativement plus vite que celui des rayons supérieurs; pour les steppers, ce temps d'arrêt dans le mouvement du pied est plus apparent que réel.

Nous donnons ici le relevé sur le sol d'un pas du passage obtenu avec une jument de 1^m,60 et de 1^m,20 de base de sustentation.

Comme on le voit, la diagonale d'appui est fortement augmentée, de 0^m,15; nous en avons donné la raison tout à l'heure. Le temps de suspension est très petit; en raison du temps d'arrêt, l'amplitude peut être considérée comme étant de 1^m,10.

Le mouvement se faisant également en avant et en arrière de deux lignes verticales distantes de 1^m,35 au lieu de 1^m,20, a pour effet de faire paraître l'amplitude beau-

coup plus grande ; l'élévation et la lenteur contribuent aussi à cet effet.

V. — Piaffer.

Le *piaffer* est le passage sans avancer. Le cheval se lance d'un bipède diagonal sur l'autre, les pieds retombant à la place même d'où ils se sont enlevés. Sa cadence est plus ou moins rapide et son élévation plus ou moins grande. Le cheval s'élève lorsqu'il est projeté en l'air par la détente d'un bipède diagonal et s'abaisse en retombant sur l'autre, qui, en se détendant, le relance en l'air, et ainsi de suite.

VI. — Le reculer au trot.

Si, après avoir obtenu le passage sur place ou le piaffer, on obtient un mouvement rétrograde en conservant la

cadence, on a le *reculer au trot*. Dans ce mouvement ultra-artificiel, le cheval est très fortement ramené. L'amplitude n'est jamais grande. Ce mouvement est, d'ailleurs, très fatigant pour le cheval.

Nous ajouterons ici une remarque : quelle que soit la rapidité et l'étendue d'une allure naturelle, l'aplomb du bout du nez n'est jamais dépassé par un membre antérieur dans sa plus grande extension.

CHAPITRE V

Le galop et les allures qui en dérivent.

Galop proprement dit. — Galop à quatre temps. — Galop de course.
Galop en arrière.

Le *galop* est une allure sautée, dissymétrique, en ce sens
que le mouvement des membres n'est pas, comme dans le
pas et le trot, semblable des deux côtés de l'axe du corps.

Le galop est à droite ou à gauche, autrement dit sur le
pied droit ou sur le pied gauche, lorsque les deux membres
du bipède latéral droit ou gauche dépassent dans leur mouvement en avant leurs congénères de l'autre bipède latéral.

I. — Galop proprement dit.

Dans un pas de galop proprement dit à droite, la première foulée est marquée par le membre postérieur
gauche, la deuxième par le diagonal gauche, dont les deux
pieds posent simultanément, la troisième par l'antérieur
droit; c'est entre cette foulée et la suivante du postérieur
gauche qu'a lieu le temps de suspension.

Le galop est, pour un même cheval, une allure très
variable, dont la vitesse peut facilement varier du simple
au triple; de même que le pas, cette allure varie aussi
beaucoup d'un cheval à l'autre; nous en donnerons les
raisons un peu plus loin.

Comme pour le trot, la vitesse augmente surtout avec l'étendue des pas; cependant, le nombre des foulées en un temps donné augmente davantage avec leur étendue que pour le cas du trot, et le deuxième facteur a une importance relativement plus considérable.

Nous définirons *galop normal*, à droite par exemple, le galop dans lequel le pied postérieur gauche marque sa foulée à la même hauteur que le pied antérieur droit; dans ces conditions, les distances des quatre empreintes laissées sur le sol sont sensiblement égales.

Des expériences faites sur des chevaux de natures différentes et portant des poids variant de 60 à 100 kilogrammes et même davantage, nous ont amené à prendre pour moyenne pour un cheval de $1^m,20$ de base de sustentation la piste suivante :

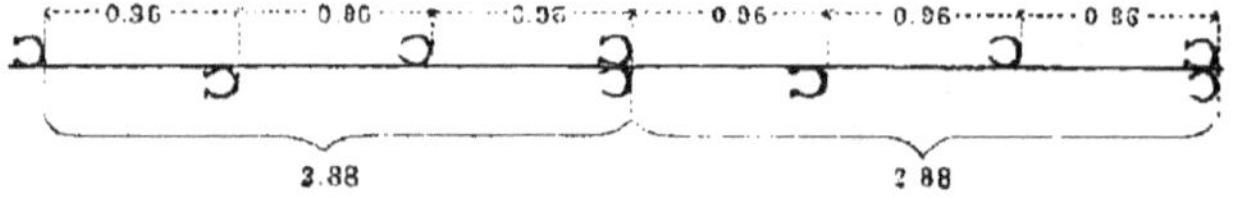

La longueur du pas est de $2^m,88$, sa vitesse de 120^m à la minute, ce qui correspond à une vitesse de $345^m,60$, nombre se rapprochant de la vitesse moyenne du galop de manœuvre.

Nous appellerons *galop raccourci* celui dans lequel le pied postérieur gauche posera en arrière du pied antérieur droit; galop allongé, celui dans lequel le pied postérieur gauche posera en avant du pied antérieur droit.

Le galop que nous avons pris comme type convient au diagramme suivant, de M. Marey :

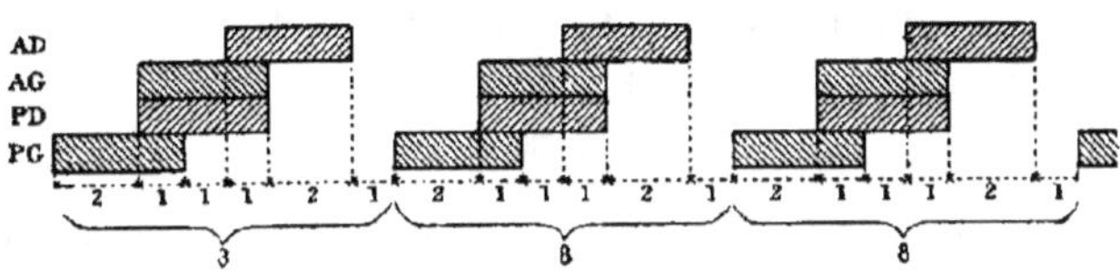

Le temps de suspension est de $\frac{1}{8}$. On peut voir aussi sur ce diagramme que le rythme des battues est le suivant :

PD	DG	AD	PD	DG	AD
1	1	2	1	1	

Pour chaque membre, l'évolution sera divisée en huit parties, trois à terre, cinq en l'air : l'amplitude, déterminée comme d'habitude, est de $1^m,08$. Chacune des parties à terre sera égale à $0^m,36$, et chacune des parties en l'air à $0^m,216$.

Nous aurons le tableau suivant :

AD	$+2$	$+3$	$+4$	$+5$	-1	-2	-3	$+1$
DG	$+4$	$+5$	-1	-2	-3	$+1$	$+2$	$+3$
PG	-1	-2	-3	$+1$	$+2$	$+3$	$+4$	$+5$

Nous allons maintenant analyser cette allure et déterminer la position des centres de mouvement de chacun des membres du cheval.

Les deux membres qui forment le diagonal gauche doivent tous deux avoir un mouvement symétrique. La distance des traces laissées sur le sol indique qu'au moment du milieu de leur appui respectif, ils sont : l'un, à $0^m,12$ en avant, l'autre, à 0^m,12 en arrière de l'aplomb de leurs centres de mouvements normaux, situés à 1^m,20 l'un de l'autre ; on doit conclure que les centres de mouvement des deux membres formant le diagonal gauche sont rapprochés du centre de 0^m,12 chacun.

Nous allons maintenant déterminer la position des centres de mouvement des membres formant le diagonal droit.

D'après le tableau que nous avons établi, le membre postérieur droit posera à terre quand le membre postérieur gauche aura reculé de deux divisions, soit 0^m,72 ; le relevé de piste nous donne 0^m,96 ; la différence, 0^m,24, se trouve être précisément la distance des centres de mouvement des membres postérieurs ; celui du membre postérieur droit étant à 0^m,12 en avant de sa position normale, il en résulte que celui du membre postérieur gauche se trouve à 0^m,12 en arrière de sa position normale.

La raison de symétrie et aussi un raisonnement semblable nous font voir que le centre de mouvement du membre antérieur droit est à 0^m,12 en avant de sa position normale.

Il résulte de la position des centres de mouvement des quatre membres que les membres du bipède latéral droit dépassent de 0^m,24 ceux du bipède latéral gauche dans leur mouvement relatif en avant et que ceux-ci dépassent de 0^m,24 les premiers dans leur mouvement relatif en arrière.

Le tableau que nous donnons indique les huit positions consécutives correspondant à notre notation.

Nous pouvons aussi, connaissant l'amplitude et la position des centres de mouvements, déterminer le temps de suspension. En effet, supposons les deux membres du diagonal droit, le membre postérieur dans la position où il est au moment de poser à terre, le membre antérieur dans la position où il est au moment de se lever ; cela revient à supposer à ce moment le mouvement relatif du pied postérieur gauche complètement terminé ; ces deux pieds seront à une distance égale à celle des centres de mouvement, $1^m,44$ diminué de l'amplitude $1^m,08$, soit $0^m,36$; le temps de suspension sera le temps nécessaire pour que le cheval parcoure cette distance, soit $\frac{1}{8}$ du temps total.

Nous ferons une remarque en ce moment au sujet de la grandeur de ce temps de suspension.

Beaucoup de personnes disent que le trot n'est pas une allure naturelle, en arguant de ce fait que les chevaux en liberté et à l'état de nature surtout, ne marchent guère qu'au pas et au galop.

La fatigue du cheval est en raison directe du temps de suspension ; or, pour avoir au trot la vitesse de 350 mètres, le cheval devrait prendre un trot dont les pas seraient de $3^m,15$ environ, en admettant 110 pas par minute ; or ce trot correspond à un temps de suspension de $\frac{1}{5}$, temps notablement plus grand que $\frac{1}{8}$; de plus, au galop, à droite, par exemple, le diagonal gauche fatigue beaucoup moins que le droit, et le cheval a la faculté de reposer l'un ou l'autre de ses deux bipèdes diagonaux, faculté qu'il n'a pas au trot.

Ce que nous venons de dire est vrai pour le cheval en liberté, mais il n'en est pas de même dans le cas du cheval monté ou attelé ; en effet, dans le galop, les muscles de la région dorsale et de la région lombaire, qui travaillent à l'enlèvement de la masse, sont surchargés par le poids du cavalier, ou ont leur impulsion gênée par le collier ; tandis que, lorsque le cheval est au trot, la colonne vertébrale ne tavaille au point de vue de l'allure qu'en servant d'union entre les deux bipèdes antérieurs et postérieurs.

Nous avons étudié d'autres pas de galop normal. Nous donnons ci-dessous trois exemples de galop allongé fourni par trois chevaux différents :

1° Pas de 3^m,60 fourni par un cob de 1^m,54 et 1^m,20 de base de sustentation.

Ce cheval nous a donné la piste suivante :

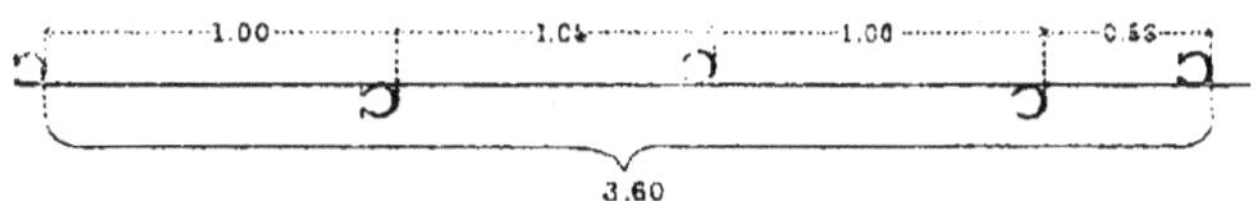

La longueur de la diagonale, 1,^{m}04, nous indique que les centres de mouvement des membres du diagonal gauche sont, l'un avancé de 0^m,08, l'autre reculé de la même quantité ; il en sera de même, par symétrie, pour les membres du diagonal droit.

Nous admettrons que l'amplitude est égale au $\frac{1}{3}$ de la longueur du pas, ce qui donne une vitesse relative en l'air, moitié de la vitesse à terre.

Les centres de mouvement des membres postérieurs sont donc à 0^m,16 l'un de l'autre : lorsque le membre postérieur droit posera à 1^m,00 du membre postérieur gauche, celui-ci aura reculé de 1^m,00 diminué de la distance des centres de mouvement ou de 0^m,84, $\frac{7}{10}$ de l'amplitude ; la raison de symétrie ou un raisonnement analogue nous fera voir que le membre antérieur droit posera lorsque le diagonal gauche aura effectué les $\frac{7}{10}$ de son mouvement en arrière ; le temps de suspension correspondra aux $\frac{6}{10}$ de l'amplitude, soit à $\frac{1}{5}$ du temps total. On aura le diagramme suivant :

On voit, d'après le diagramme, que le temps de suspension correspondra aux $\frac{6}{10}$ de l'amplitude ou au $\frac{1}{5}$ du temps.

On peut trouver le temps de suspension par le raisonnement dont nous nous sommes servi tout à l'heure.

En effet, les deux membres du diagonal droit, ayant les positions relatives correspondant au lever du membre antérieur et au poser du membre postérieur, sont séparés entre eux par la distance des centres de mouvement, diminuée de l'amplitude, ou 0^m.16 ; le temps de suspension sera le temps que mettra le corps à parcourir ces 0^m,16 augmentés des 0^m,56, dont le pied postérieur gauche dépasse le pied antérieur droit, soit 0^m.72 $\frac{1}{5}$ du pas total.

Le rythme des battues est :

PG   DG   AD   PG   DG   AD   PG
      7   7   16   7   7   16

Nous ne donnons pas le tableau en chiffres, qui nécessiterait 30 colonnes ;

2° Nous donnons ici un deuxième exemple d'un pas de 3^m,60, observé sur une jument de 1^m,56 et de 1^m,20 de base de sustentation. Elle donnait la piste suivante :

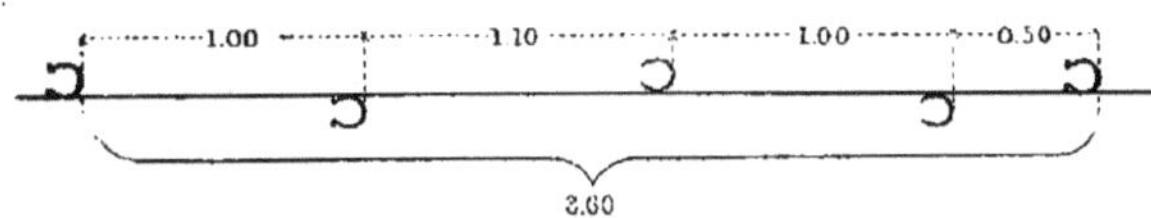

Nous prendrons comme amplitude 1^m,20. Les centres de mouvement des deux membres postérieurs, pour les mêmes raisons que tout à l'heure, sont distants de 0^m,10 ; il en résulte que le diagonal gauche pose lorsque le postérieur gauche a reculé de 0^m,90, ou exécuté les trois quarts de son mouvement en arrière ; de même, l'antérieur droit posera lorsque le diagonal gauche aura exécuté les trois quarts de son mouvement en arrière. Nous aurons le diagramme suivant de M. Marey, qui nous indique un temps de suspension de $\frac{1}{6}$.

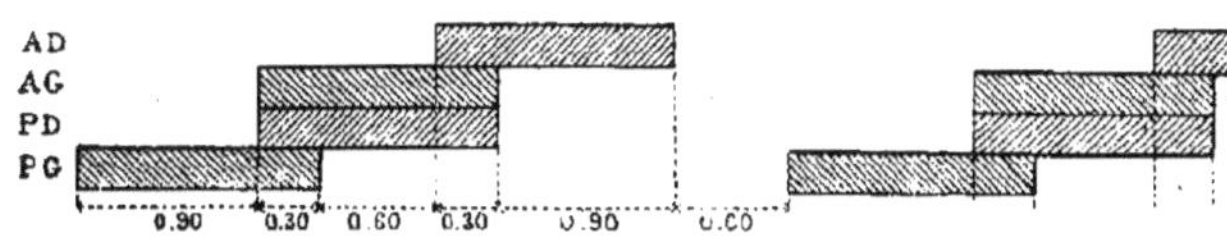

En divisant le mouvement d'un membre en 12 parties,

4 à terre égales à 0^m,30, 8 en l'air égales à 0^m,15, on a le tableau suivant :

AD	$+3$	$+4$	$+5$	$+6$	$+7$	$+8$	-1	-2	-3	-4	$+1$	$+2$
DG	$+6$	$+7$	$+8$	-1	-2	-3	-4	$+1$	$+2$	$+3$	$+4$	$+5$
PG	-1	-2	-3	-4	$+1$	$+2$	$+3$	$+4$	$+5$	$+6$	$+7$	$+8$

RYTHME DES BATTUES.

3° Nous donnons un troisième exemple de galop allongé; nous avons obtenu un pas de 3^m,42 avec la piste suivante :

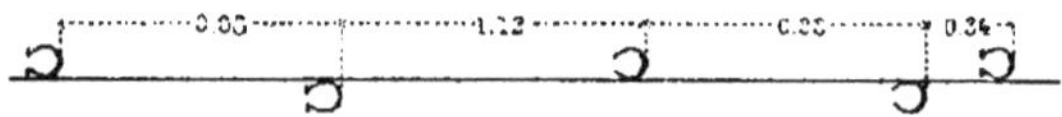

L'animal qui nous l'a donné est la jument anglo-normande dont nous avons indiqué le pas et le passage.

Nous prendrons comme amplitude 1^m,14. Sans entrer dans les détails, nous aurons le diagramme suivant :

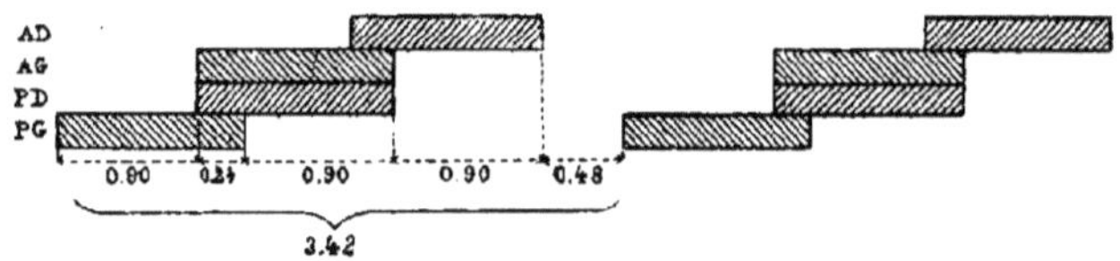

Le temps de suspension est $\dfrac{48}{342}$ ou $\dfrac{1}{7,125}$, plus petit que $\dfrac{1}{7}$.

Lorsque l'étendue du pas dépasse 3^m,60 ou 4^m,00, le

galop n'est plus le galop proprement dit, et la battue diagonale tend à se dissocier. Le pied postérieur se pose
avant le pied antérieur.

La jument dont nous venons de donner le pas de 3^m,42,
poussée dans son train, nous a donné la piste suivante :

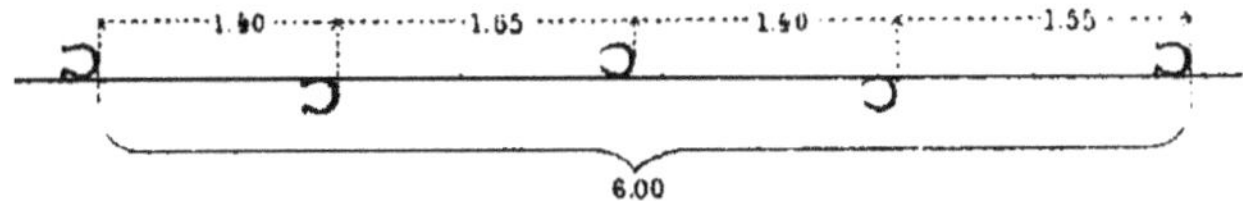

Comme la jument marchait sans difficulté à cette allure
pendant 1 kilomètre environ, nous devons conclure que
l'amplitude était le tiers du pas, par suite 2^m,00. Les foulées variaient de 5^m,85 à 6^m,15. Elles présentaient souvent
cette particularité d'un écart plus grand entre les foulées
des membres postérieurs qu'entre celles des membres
antérieurs. C'est généralement l'inverse qui se produit.

Nous n'étudierons pas en détail le galop raccourci, cette
allure étant trop variable suivant les chevaux. En effet, les
uns semblent glisser et ne presque pas quitter terre, tandis
que d'autres conservent à cette allure une grande élévation. Le temps de suspension devient très petit, mais
semble persister toujours tant que le galop reste à trois
temps.

Nous donnons trois relevés de pistes de petit galop :

La jument dont nous venons de parler nous a donné le
pas de 1^m,60 avec la piste suivante :

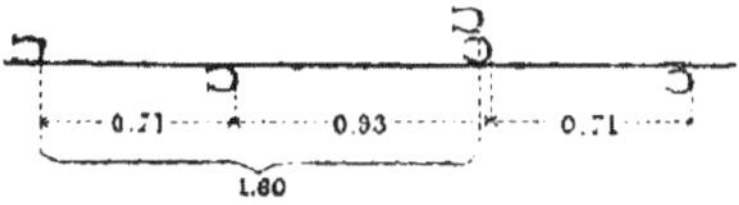

Un cheval de 1^m,60 et 1^m,25 de base de sustentation nous a donné les pas de 2^m,00 et 2^m,20 avec les pistes suivantes :

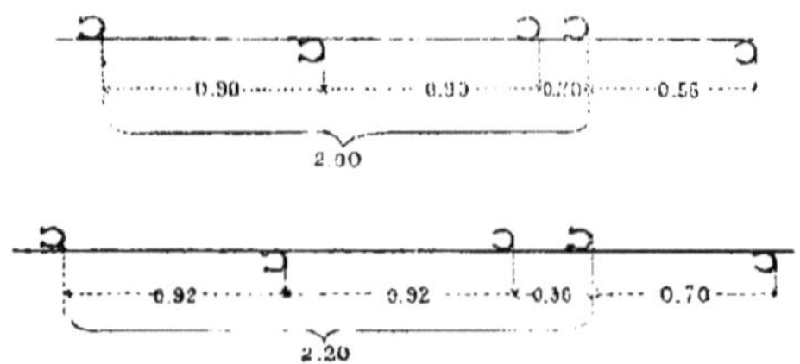

Nous ne pousserons pas cette analyse plus loin. Le pas peut encore être réduit davantage, car nous sommes arrivé, et toujours au galop à trois temps, au pas de 0^m,60, 50^m,00 en 50″.

II. — Galop à quatre temps.

Le galop à quatre temps est une allure ralentie qui diffère du galop proprement dit, en ce que les deux battues

du diagonal gauche, dans le galop à droite par exemple, sont séparées. Les deux pieds postérieurs posent l'un après l'autre, puis les deux pieds antérieurs dans le même ordre. Cette allure est souvent une allure marchée ; c'est celle que prennent les chevaux dont on veut ralentir le galop en les écrasant sur les jarrets ; le cheval semble alors marcher par une série de courbettes peu élevées, avec un bipède latéral en avant de l'autre.

Cette allure semble avoir été beaucoup en faveur autrefois, car c'est ainsi que le *Cours d'équitation et d'hippiatrique*, publié à Saumur en 1830, définit le galop.

III. — La course.

Le galop de course diffère du galop ordinaire en ce que la battue diagonale est dissociée comme dans le galop à quatre temps. La base diagonale est beaucoup plus étendue que dans le galop ordinaire, et le temps de suspension beaucoup moins grand, par suite, par rapport à la longueur du pas.

La longueur des foulées varie de 4 à 6 mètres ; elle atteint même 7^m,20, mais pour des sujets d'exception et pour des foulées d'arrivée, et n'est pas continue dans de pareilles conditions ; le célèbre cheval *Éclipse* couvrait, dans son train, 22 pieds anglais, soit 6^m,70.

Dans la trace laissée sur le sol, les pieds de derrière sont plus rapprochés l'un de l'autre que les pieds de devant, ce qui ne se produit pas dans le galop proprement dit.

M. Marey a pu, grâce à l'obligeance de M. Delamarre, obtenir des relevés d'expérience conformément à sa méthode.

Le relevé obtenu est le suivant :

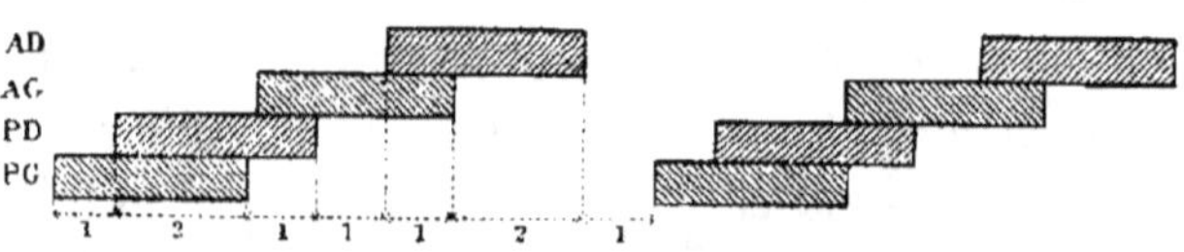

On voit que le temps de suspension est très petit, $\frac{1}{9}$.

Ce relevé se rapporte à un pas de 5 mètres environ, soit 4ᵐ,95.

L'amplitude sera alors de 1ᵐ,65. En supposant les centres de mouvement du latéral droit à 0ᵐ,05 en avant et ceux du latéral gauche à 0ᵐ,05 en arrière de leur position normale, ce diagramme correspondra à la piste suivante, en admettant 1ᵐ,20 comme distance normale des centres de mouvement :

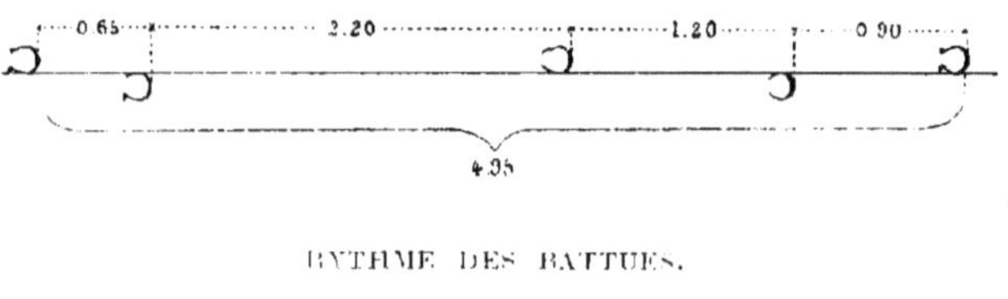

Nous diviserons le mouvement de chaque membre en neuf parties : trois à terre égales à 0ᵐ,55, six en l'air égales à 0ᵐ,275, ce qui nous donnera le tableau suivant :

AD	+ 2	+ 3	+ 4	+ 5	+ 6	− 1	− 2	− 3	+ 1
AG	+ 4	+ 5	+ 6	− 1	− 2	− 3	+ 1	+ 2	+ 3
PD	+ 6	− 1	− 2	− 3	+ 1	+ 2	+ 3	+ 4	+ 5
PG	− 1	− 2	− 3	+ 1	+ 2	+ 3	+ 4	+ 5	+ 6

Le galop de course est une allure encore plus variable

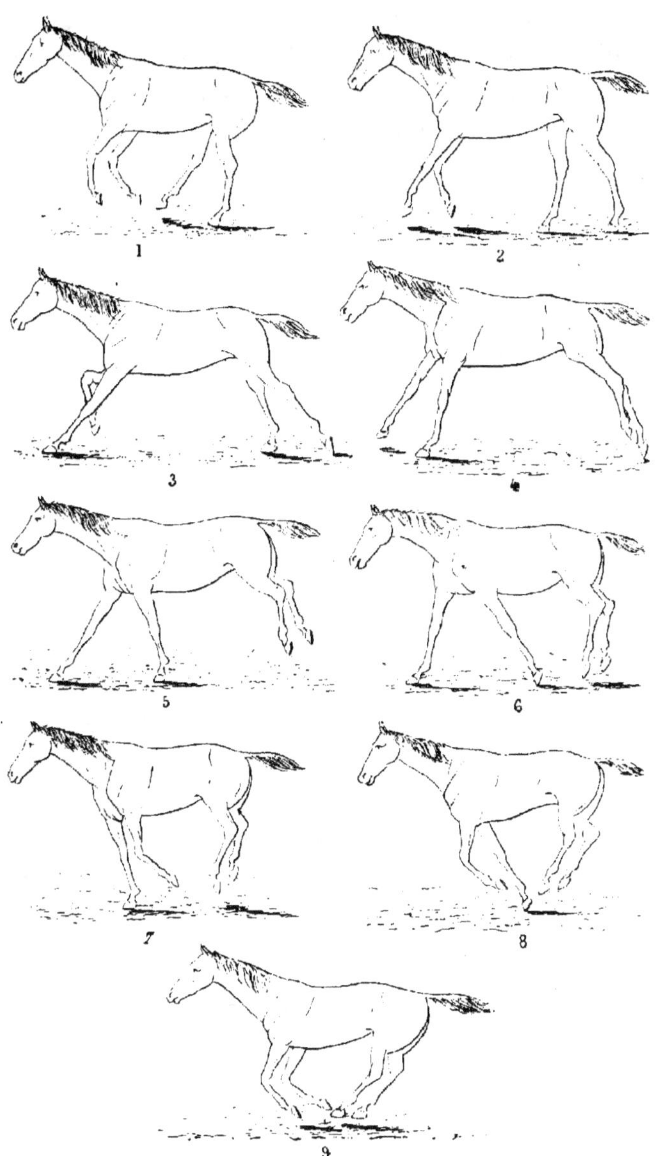

6.

d'un cheval à l'autre que le pas et le galop ordinaire ; c'est une allure acquise et fixée par l'hérédité dans la famille des chevaux de pur sang, tout comme l'amble et le pas relevé dans les différentes races, aujourd'hui disparues, de bidets d'allures. Elle devient aussi une allure apprise, et la différence d'âge, mieux que la différence des poids, nous paraît expliquer la différence d'allure des deux types cités par le baron de Curnieu (tome 1er, page 157) :

Algaro, trois ans et demi, 65 kilogrammes :

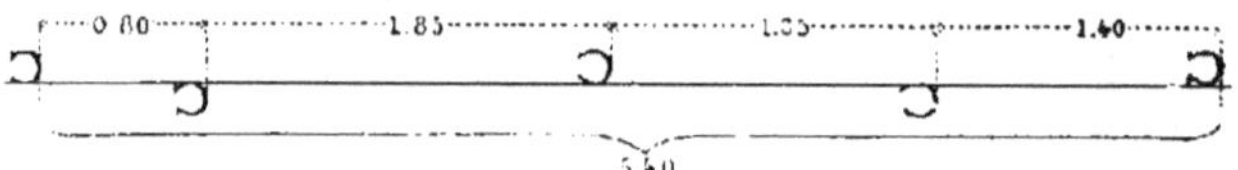

Fallax, sept ans, 100 kilogrammes :

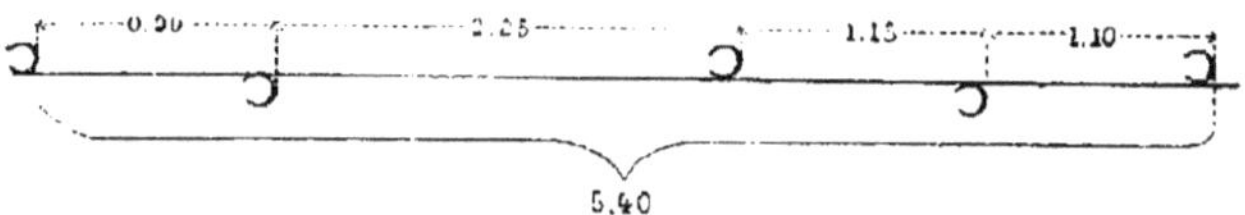

Fallax, le plus âgé des deux animaux et celui dont l'allure est tout à fait semblable au type que nous venons d'étudier, marchait plus vite qu'*Algaro*.

En admettant le même déplacement pour les centres de mouvement et leur distance normale égale à 1ᵐ,20, le pas d'*Algaro*, avec l'amplitude de 1ᵐ,80, correspond au diagramme suivant :

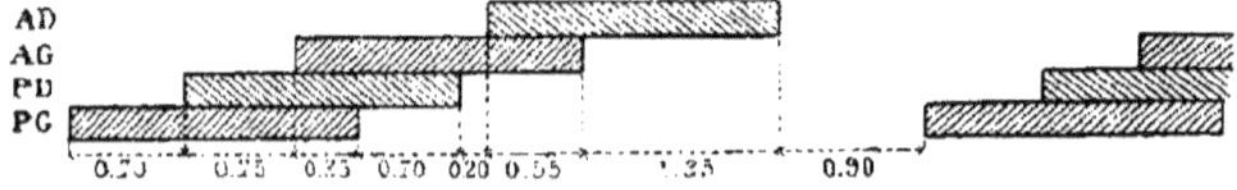

Ce diagramme indique un temps de suspension de $\frac{1}{6}$.

Avec les mêmes hypothèses, Fallax donnerait le diagramme suivant, qui indique un temps de suspension de $\frac{1}{9}$:

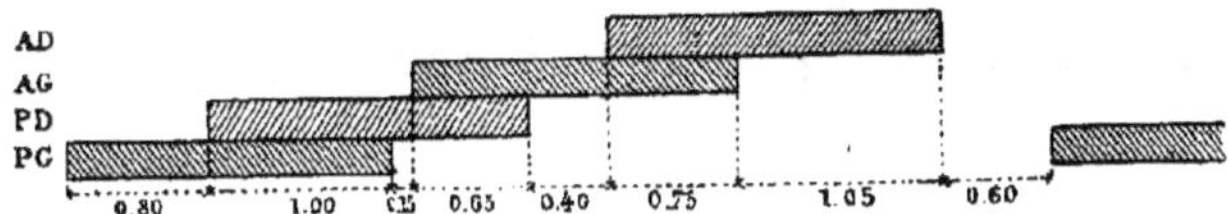

Le pas de $6^m,00$, que nous avons cité, correspond au diagramme ci-dessous, indiquant un temps de suspension de $\frac{85}{600}$, un peu moins de $\frac{1}{7}$ (amplitude : $2^m,00$; centres de mouvement déplacés de $0^m,05$ en avant et en arrière).

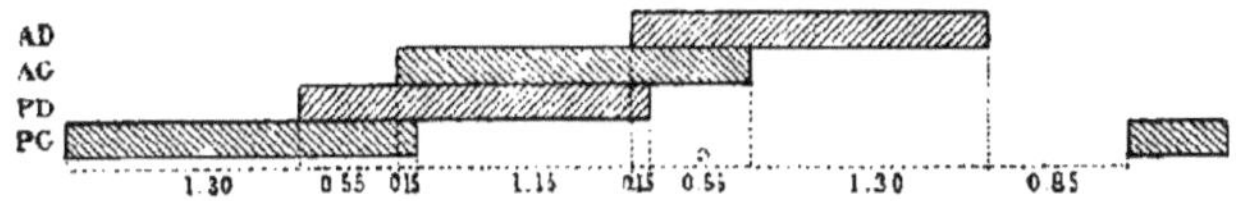

IV. — Galop en arrière.

Le galop en arrière est une allure artificielle dans

laquelle le cheval s'enlève sur ses membres postérieurs

comme dans la courbette ; ses membres antérieurs, au
lieu de se porter en avant, posent, au contraire, en arrière
de la place où ils étaient auparavant ; les membres postérieurs se portent alors, eux aussi, en arrière, et le mouvement continue de la même manière. On peut même, à
cette allure, exécuter des changements de pied.

POSTFACE

Nous avons cherché, dans cette étude, à nous rapprocher, autant que possible, de la vérité. Nous nous sommes basé sur le principe de la moindre action, qui n'est autre que le principe de l'équilibre, qui fait le fonds de la méthode de Baucher, et est la base de toute équitation rationnelle.

Les résultats que nous obtenons par notre système de représentation, se rapprochent de ceux obtenus par la photographie instantanée.

Ils en diffèrent, pour les mêmes positions, tantôt dans un sens, tantôt dans l'autre. Les allures sur lesquelles nous raisonnons sont d'une régularité idéale, ce qui est rare dans la pratique.

On peut voir aussi combien ce que l'on voit en réalité diffère de ce que l'on croit voir. Cependant, il y a des positions vraies qui produisent bien l'effet de ce qu'elles représentent : ce sont les positions extrêmes, correspondant au poser d'un membre ou d'un diagonal.

Pour produire l'impression de la vitesse, il suffira, au lieu d'exagérer le mouvement, d'augmenter l'expression de l'effort par la saillie des muscles et l'expression de la tête.

Nous avons passé sous silence les changements de mouvement et d'allures pour n'étudier que les allures en elles-mêmes, ces questions nous paraissant sortir du cadre de cette étude.

PARIS. — IMPRIMERIE L. BAUDOIN, 2, RUE CHRISTINE.